預約實用知識，延伸出版價值

# 每個人的商學院

## 商業實戰（上）

2

劉潤　著

啟動行銷引擎，
激勵流量與銷量

寶鼎

每個人的商學院

# 總目

## 5 管理基礎

每個人的商學院❺

- 激勵
- 管理方法
- 管理自己

## 6 管理進階

每個人的商學院❻

- 知人善任
- 治理

## 7 個人基礎

每個人的商學院❼

- 態度
- 技能

## 8 個人進階

每個人的商學院❽

- 知識
- 工具

| 1 | 2 | 3 | 4 |
|---|---|---|---|
| 商業基礎 | 商業實戰（上） | 商業實戰（下） | 商業進階 |
| 每個人的商學院❶ | 每個人的商學院❷ | 每個人的商學院❸ | 每個人的商學院❹ |
| 商業的起點 | 行銷 | 產品 | 創新 |
| 商業的本質 | 通路 | 定價 | 做大做強 |
| 商業的視角 | | | 戰略 |

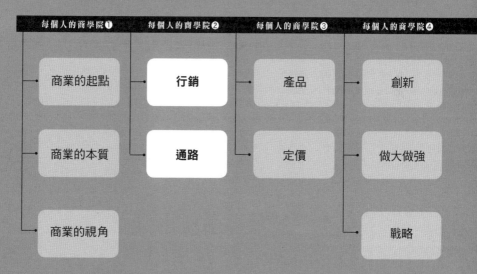

目次
CONTENTS



# 1 PART 行銷

## 第1章 網路行銷

## 第2章 內容



## 第3章 傳播

目次
CONTENTS

## 第4章 媒體



## 第5章 品牌

## 第6章 公關



# PART 2 通路

## 第7章 流量

目次
CONTENTS



## 第8章 銷量

# 一致好評

羅振宇——羅輯思維、得到App創始人

把經典的商業概念和管理方法，用所有人都聽得懂的語言講出來，每天五分鐘，足不出戶上一所商學院。

雷　軍——小米創始人、董事長兼CEO

性價比超高的商學院，每天五毛錢，就可以學到實用的商學院知識。

吳曉波——著名財經作家、吳曉波頻道創始人

用一盒月餅的錢，把商學院的知識濃縮在每天的服務中提供給你。

推薦序

# 成就商業與管理的藝術，打造企業典範

王怡人／「JC趨勢財經觀點」粉專版主

一家企業的成長，是從零到一，由小到大，由大到廣，再由廣至精，達到卓越的境界，成為產業中的領導者。但也因為企業的規模愈來愈大，分工愈來愈細，在這個發展的過程當中，包括企業經營者、高階主管、延伸到組織內部的每一位成員都扮演著重要的角色。

組織的成敗不再只是個人的表現，而是眾人致力打造而成的結果。每個人都應該瞭解自己在組織中的位置，並且將自身的能力發揮到極致，才有可能為自己與公司創造更多額外的價值。

也因此，這是一個人人都需要「商業管理」的時代，擁有商業思維與自我管理的能力，才有辦法持續精進，成為一個高效能人才。而這也符合作者劉潤在「得到」App開設《5分鐘商學院》專欄的初衷，如何可以用更少的時間，傳達最重要的知識，讓讀者高效吸收，並且可以學以致用。

《每個人的商學院．商業實戰》上下兩冊的內容提供我們所需的實戰智慧，如何在現代商業社會中使用手邊的工具，幫助你大幅提高工作效率，迅速地拆解問題，規劃處理流程，找出解決方案來達到預設的目標。

透過行銷、內容、傳播，產品、服務、設計等幾個面向來瞭解現行的商業模式是如何顛覆傳統，打造出新一代的商業模式。由原本的線性流程轉變為環狀流程，原本的先後順序因為時效的縮短而形成一體化，產品與服務不斷地進行汰換。

網際網路的發展讓我們更方便且容易取得所需的數據，大數據的處理能力讓我們可以不再倚靠傳統調研方法，避免樣本偏差而得出錯誤的結論，甚至可以讓我們在事前評估決策的可行性與期望值，藉由最小可行性產品進行試錯、降低成本、反饋優化來提升成功機率。

在快速變遷的商業世界裡，企業如果沒辦法搶先一步，未來將會愈來愈難後來居上，所以如何運用社群行銷的力量，更有效的製造話題、傳播感染力，長期經營你與顧客關係，讓他們變成你的超級推銷員，讓爆款產品可以更快地被市場接受，也變成一項重要的課題。

如何在注意力稀缺的時代，打造成功的商業模式、產品與服務來抓住消費者的心，讓他們在疲乏於爆量訊息中有心靈上的寄託，讓選擇不再是惱人的工作，而是有限選擇下的控制權，懂得個中道理，才有辦法讓消費者賴著你不走。

從作者劉潤的文字間，你會發現商業與管理形成一種藝術，帶你一步步理解如何能夠滿足這些看似簡單、實則充滿細節的工作，打造成功的企業典範。

全書內文幣別若未特別標注，均為人民幣。

# 1 PART

# 行銷

## 第1章

# 網路行銷

01

# 企業能量模型——

## 想變強，先知道自己弱在哪

啟動亮點

**弱肉強食。弱肉必須知道自己弱在哪裡，才能變強。**

我在《5分鐘商學院》課程的學員留言裡看到一則提問，大意是這樣：

我在某個傳統行業裡看不到前景：第一，原材料價格高，導致利潤下降；第二，市場飽和，進入者太多，導致價格下降；第三，業務全靠關係，有時還拿不到錢；第四，人才很難找，要的工資高還沒有責任心。請問，我應該如何借助網路，找到出路？

每次看到這樣的問題，我都會深深嘆一口氣：這種問題是網路可以解決的嗎？商業的世界很美妙，但也有弱肉強食的殘酷一面。可對不少

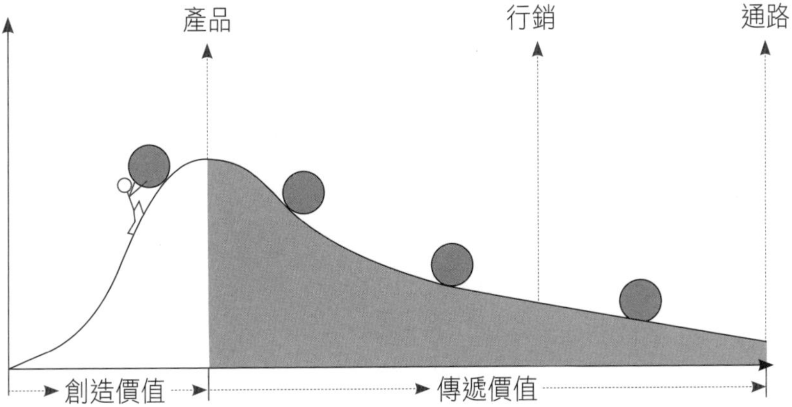


弱肉來說，它們的問題首先不是弱，而是根本不知道自己弱在哪裡。

我將從產品、價格、行銷、通路四個角度，系統性地解構一家企業的具體商業行為。要想找到「我在哪裡弱，應該在哪裡強」的答案，必須先瞭解「企業能量模型」（參見上圖）。

我們先想像一下一個人正在推巨石上山的樣子，做產品就是把這塊千鈞之石推上萬仞之巔。在上山的過程中，要獲得足夠大的勢能，然後在最高點把石頭推下去，用行銷和通路減小阻力，把勢能轉化爲最大的動能，取得盡可能深遠的用戶覆蓋。這就是企業能量模型。

對照企業能量模型可以發現，要把

企業做好，需要做三件事情。

**第一件，把產品這塊巨石推得愈高愈好。**產品的創意、獨特性、品質或者說它積蓄的勢能，決定了它可以達到的最高銷售量級。沒有勢能的產品是賣不出去的。

**第二件，站在山頂一推，巨石開始下滑，勢能轉化為動能。**行銷就是用來減小下滑阻力的。廣告、公關、線下活動、熱點行銷、加入行業協會、獲獎等，都是為了提高客戶的優先選擇概率。

**第三件，巨石開始水平滾動。**這時，要用通路繼續減小阻力，通過線上、線下大量布設通路——電話、網路、上門推銷甚至到達田間地頭的方式，讓商品到達消費者觸手可及的地方。

產品、行銷、通路這三件事，哪一件最重要？作為一個企業領導，你只能自己判斷哪一件對你最重要。

回到開篇的案例上，那位學員的根本問題是產品勢能不足。因為產品不足，需要行銷補；可行銷還不足，只能通過陪客戶喝酒、吃飯、搞關係，靠通路補；最後，產品還是賣不出去。這樣的產品，網路也幫不上忙。

可見，對企業能量模型有不偏不倚的自我認知十分重要。弱肉必須知道自己弱在哪裡，才能變強。

我問過很多企業家，他們企業的問題究竟是產品能量不夠，還是轉化效率不高。他們往往在認真思考後告訴我：「我們企業的核心價值是擁有與眾不同的好產品。」

然後，我會接著問：「你的企業裡，是研發團隊還是銷售團隊的規模大？是產品團隊還是行銷團隊的話語權高？你在各地開設分公司，是為了網羅當地研發人才，還是為了獲得當地市場規模？賣你的產品，業務需要請客戶吃飯，陪客戶喝酒嗎？……」

聽到這些問題後，不少企業家開始冒冷汗，然後意識到，他們企業的核心能力其實是銷售和通路。很多做得不錯的公司，其實是「六十分的產品，九十分的行銷」，但自認為是「九十分的產品，六十分的行銷」。

就像很多土豪希望別人把他們看成貴族，很多通路型公司希望別人把它們看成產品型公司。

掌握關鍵

## 企業能量模型

想成功經營企業，要做好三件事：第一，產品的獨特性、品質等，就是它的勢能；沒有勢能的產品賣不出去。第二，用行銷將勢能轉化為動能，比方說廣告、線下活動、得獎等。第三，大量布設線上與線下通路，讓消費者容易取得商品。

延伸思考

**職場or生活中，可聯想到的類似例子？**

掌握亮點

**想做社群經濟，要先找到一個共同點，然後用通訊軟體、論壇等方式聚焦這部分人，提供最符合他們共同點的商品，實現更高轉化率。**

02

# 社群經濟——自帶高轉化率的流量

經營企業就像是推巨石上山。做產品，是把這塊千鈞之石推上萬仞之巔，獲得盡可能大的勢能，然後在最高點一把推下去，用行銷和通路減小阻力，把勢能轉化為最大的動能，獲得盡可能深遠的用戶覆蓋。

網路時代，有什麼新的推石頭的方法和工具，能更有效地促進企業能量的生成與轉化嗎？

比如，一個做生鮮水果生意的店鋪老闆，可能並不清楚網路時代意味著什麼。他看到網上生鮮電商巨頭爭得你死我活，但似乎誰都沒掙到錢，就更困惑自己應該怎麼做了。其實，他可以試試「社群經濟」的玩法。

什麼是社群經濟？因為某個共同點而聚在一起的人群叫作「社群」。比如，愛美食的人就可能形成吃貨社群，愛旅行的人就可能形成驢友*社群。過去，人們因為地理位置而聚，比如住得近形成了社區。在網路時代，人們因為共同興趣而聚，比如都求知好學，微信上就有了「羅輯思維」社群。由於網路極大提升了連接效率，形成社群變得前所未有的容易。

但是，社群如何成為經濟呢？

舉個例子。上海有一個生鮮電商叫蟲媽鄰里團。當大部分生鮮電商一開始就想席捲天下時，它在偌大的中國市場上找了個小角落，用社群經濟的方式苦心經營根據地。二〇一四年，蟲媽鄰里團的創始人在家門口舉辦了「美女香車賣水果」的活動，吸引了很多鄰居。「蟲媽」當場邀請他們掃碼加入微信群——大家都是鄰居，「蟲媽」看起來也不像騙子，很多人就加入了。蟲媽鄰里團每天擺攤賣水果，每天吸引二三十個鄰居入群。它用這種看起來很原始、低效的方法，完成了種子用戶的積累，形成了一個愈來愈大的社群。

這個社群能聚在一起，是因為用戶有兩個共同點：第一點是共同的興趣，用戶都擔心食品安全，都想吃到美味安全的水果；第二點是共同的位置，用戶都住在同一個社區，都是鄰居。別小看這兩個共同點，它們解決了生鮮電商的兩個大問題。

**第一個，庫存問題。**先批發水果，再擺攤零售，就一定會有庫存和損耗的問題。蟲媽鄰里團把追求安全美味生鮮水果的人聚在一起，先搜集他們的需求，再反向按需採購，就解決了庫存問題。

**第二個，物流問題。**對大型生鮮電商來說，即使一個城市只有一個客戶，也要部署複雜而完備的物流體系。但是在蟲媽鄰里團，因為用戶都是鄰居，所以配送非常簡單，物流成本極大降低。

中國的四千多家生鮮電商只有百分之一實現了贏利，而蟲媽鄰里團只有幾十個群，一萬六千戶人家，卻已經贏利了。它贏利的關鍵是：下了單再採購，保證庫存時間最短；送到固定提貨點，保證物流成本最低。

＊旅遊的諧音，泛指愛好旅遊，經常一起結伴出遊的人。

我們知道，銷售＝流量×轉化率×客單價。

潛在客戶通過某種通路進入銷售漏斗，比如進了某家門市，訪問了某個網站，或者在微信裡向客服諮詢，這就是流量。

這個潛在客戶可能會下單，也可能不會。有多少潛在客戶下單，這就是轉化率。商品和客戶需求的匹配度，很大程度上影響著轉化率。

下單時會買多少東西呢？買完襯衫有沒有搭配一條領帶？買了領帶有沒有配套一個袖扣？每個客戶單筆訂單消費的價格叫作「客單價」。

社群經濟為何讓蟲媽鄰里團能成為贏利的百分之一？不是因為它比天貓有更大的流量，而是因為它賣的高品質生鮮水果非常契合這個社群的共同點：追求安全美味食品的鄰居。因此，蟲媽鄰里團極大地提高了轉化率。

**社群經濟就是基於一個共同點，構建一個高頻交互的人群，然後向這個人群銷售與共同點高度吻合的商品，以獲得極高銷售轉化率的一種通路模式。**如何開啟社群經濟？首先，找到一個共同點；然後，用一個載體，比如微信群、公眾號、網絡論壇等，聚集符合這個共同點的人群；最後，給這個人群提供最符合他們共同點的商品。

## 掌握關鍵

# 社群經濟

社群就是因為某個共同點而聚在一起的人群。從「銷售＝流量×轉化率×客單價」的角度來看，因為這個共同點，社群就是自帶高轉化率的流量。社群經濟，即基於一個共同點，組織一群頻繁互動的人，對這群人銷售和他們的共同點高度吻合的商品，以獲得高度銷售轉化率的一種通路模式。怎麼開始社群經濟？第一，找到一個共同點；第二，用一個載體聚集符合這個共同點的人群；第三，給這群人提供最符合他們共同點的商品。

## 延伸思考

**職場or生活中，可聯想到的類似例子？**

03

# 口碑經濟——為產品找到自帶流量的粉絲

**啟動亮點**

**想透過口碑獲得高轉化率的流量，首先產品要真好，然後嘗試在產品功能之外，刻意加上一些傳播元素，或者給予適當獎勵，以促進傳播。**

我常被問到一個問題：都說網路時代是好產品的時代，可到底什麼樣的產品才叫好產品？拿過各種獎項、各項指標都最好的產品，就是好產品嗎？

真不一定。太多拿到大獎的產品都是平庸之作，甚至很多獎項本身就不是好產品，花錢就能買到。消費者認爲好的產品，才是眞正的好產品。過去，消費者無法輕易表達對產品的熱愛或者痛恨，這種喜惡更無法傳播，所以才需要採用一些間接的手段，給產品貼上好壞的標籤。現在，我們有了更直接的手段，叫作「口碑經濟」。

舉個例子。我兒子參加了一個基於網路的遠端英語培訓，這個培訓是請美國的小學老師通過網路教中國孩子英語。我旁聽了一整節課，發現兒子很喜歡，效果也確實不錯。於是，我就「忍不住」拍了一張照片，分享到了朋友圈。

我的微信有幾千個好友，很多都是我的企業家學員、各大公司高層、業內知名人士、商界大咖和領軍人物。所以，我分享產品時非常慎重，因為這代表了我的信用。但這一次，我沒忍住。

果然，發完朋友圈後，很多朋友留言或私信問我是哪家機構，他們也想報名。過了幾天，他們又問我是用哪個名字註冊的，原來網站有個活動——給推薦人送十堂課。然後，我的帳戶裡就多了很多課。我特別高興，「忍不住」想再分享一次。

我的第一次「忍不住」和第二次「忍不住」是不一樣的：第一次忍不住，是因為產品好到了一定程度，讓我願意用個人信用為它背書；第二次忍不住，是因為得到了獎勵。

前文曾提及一個銷售公式：銷售＝流量×轉化率×客單價。通過我的分享，這個產品獲得了幾千個免費流量，而且因為我的背書，這幾千個潛在客戶的轉化率也非常高。這就是口碑經濟。

口碑經濟，就是產品好到了一定程度，讓用戶「忍不住」發到朋友圈，結果顯著提高了銷售公式中的「流量」和「轉化率」。**口碑經濟是行動網路時代那些真正好產品的紅利。**

回到開篇的問題，什麼才是好產品？過去，好產品在各行各業有很多不同的間接標準。但在行動網路時代，好產品開始有了統一的直接標準，那就是：好到用戶忍不住發朋友圈。

在傳播領域，有一個概念叫 POE。P 指的是 paid media，就是付費媒體，比如在報紙上登廣告、冠名贊助電視節目等；O 指的是 owned media，就是自有媒體，比如企業的社群帳號、官網等；E 指的是 earned media，就是無償媒體，指不屬於自身、也沒花錢，而是別人自發地傳播，這是傳播的最高境界。臉書、LINE 朋友圈，就是被行動網路放大了的無償媒體。好到用戶忍不住發朋友圈，就是獲得了大量的無償媒體。

我們應該如何利用口碑經濟的邏輯，在臉書、LINE 朋友圈獲得免費的無償媒體呢？

**第一，真正地站在用戶角度，做好產品。**不斷交互，不斷測試，使產品好到讓用戶「忍不住」，覺得不發朋友圈都對不起自己的朋友。為此，企業要不遺餘力，否則，口碑經濟就不是企業的紅利。

**第二，可以在產品中刻意加上一些值得傳播的東西。**比如，「我出錢請五個朋友免費閱讀」、「我今天走路的步數，擊敗了百分之九十三的好友」等。

**第三，可以適當地使用一些激勵政策。**比如前面提到的贈送課程，比如餓了麼*、大眾點評*、滴滴出行*，用戶消費之後都可以分享紅包給朋友。

*「餓了麼」是網路訂餐平臺。
*大眾點評網是主要針對餐飲、休閒娛樂的第三方消費評分網站。
*「滴滴出行」是預約叫車的手機應用程式，於二〇一六年透過換股方式收購 Uber 中國。

## 掌握關鍵

### 口碑經濟

行動上網時代，因為傳播成本極大降低，使得好到讓用戶忍不住發朋友圈的產品，可以通過大量幾乎免費的「無償媒體」獲得巨大的流量，同時提高轉化率。享受口碑經濟，需要做到：第一，產品必須真的好；第二，在產品功能之外增加一些傳播元素；第三，適當的獎勵可以增加傳播動力。

## 延伸思考

**職場or生活中，可聯想到的類似例子？**

啟動亮點

想要提高消費者的重複購買率，需要建立和用戶溝通的平臺，增加用戶的信任感，為其提供多樣化的產品或服務。

04

# 單客經濟——獲得終生免費的流量

在「銷售＝流量×轉化率×客單價」的公式中，社群經濟因為提升了轉化率，所以被稱為「自帶高轉化率的流量」；口碑經濟因為同時提升了流量和轉化率，所以被稱為「自帶流量的粉絲」。那麼，網路的世界裡有沒有工具能提高「客單價」呢？

當然有。舉個例子，M去水果店買水果，老闆說加他的微信可以便宜五塊錢，M就加了老闆的微信。晚上七點，老闆發來消息：今天剛進的一批山竹沒賣完，如果喜歡，可以三折出售。M可能會因為划算買一些。晚上十點，店老闆又通知：明天早上會進一批從深圳南山空運來的荔枝，現在預訂可以打七折。M可能會因為划算又買一些。

最後，這家水果店的生意愈來愈好。因為它通過直接、高頻的連接，把每位消費者都變成了重複購買的客戶。**這種利用網路的連接效率，提高消費者重複購買率，增加單客總體銷售額的現象，叫作「單客經濟」。**

重複購買是每一個企業家夢寐以求的目標。所謂客戶終生價值，就是一個客戶一輩子一共買了企業多少產品。通用汽車（General Motors）的負責人曾說過：「一個通用汽車客戶的終生價值是七萬美元。」不過，在企業與消費者連接很脆弱的情況下，客戶終生價值是很難實現的。

比如，某大型家電企業有近一億用戶，可是，一旦冰箱送到顧客家裡，企業就和用戶失去連繫了。如果冰箱壞了，或者用戶想換個新的，還會繼續找這個企業購買嗎？不一定，他更可能會去京東、蘇寧購買。就算在京東買的還是這個品牌的冰箱，企業卻需要付給京東一筆流量費。京東甚至可以推薦用戶購買其他品牌。只有與用戶產生直接、高頻的互動，企業才真正獲得了那些用戶。

那麼，企業應該如何利用行動網路建立直接、高頻的互動，從而促使消費者重複購買，發揮客戶終生價值，實現單客經濟呢？這裡有三個建議。

**第一個，建立用戶容器。**「加水果店老闆微信」就是一種最簡單有效的容器，如果用戶數量比較多，微信群也不錯。但要注意，微信群裡的壞消息有巨大的傳染性。如果企業對自己的產品信心不大，要慎用微信群。掌控欲望強一些、互動需求特殊一些的企業，可以開發自己的App。但也要注意，獨立App獲取初始用戶的過程漫長而艱難。如果只是想單向廣播，朋友圈、微信公眾號等都是不錯的容器。

**第二個，邁過黏著度邊界。**有贊*的創始人白鴉說過，百分之十的消費額是黏著度邊界。舉例來說，如果某社區住戶一年在水果上消費一萬元，他在某家水果店的年消費額如果沒有超過一千元，就說明該水果店

*「有贊」是從事零售科技SaaS服務的一家企業。

對消費者沒有黏著度；或者說，消費者對水果店沒有信任感。

隨著對消費品質的要求愈來愈高，人們更願意去消費習慣性信任的東西，而不是最便宜的東西。當然，便宜永遠都重要，但是有一個比便宜還重要的東西，就是「對便宜的信任」。沒有這種信任，客戶隨時會拋棄商家。

**第三個，滿足關聯需求。**怎樣才能邁過黏著度邊界呢？企業應該思考自己對單客的價值夠不夠大。比如，一家水果店不能只賣一種水果，甚至還可以賣零食。總之，要為服務的客群提供豐富價值，覆蓋超過百分之十的消費額。這個思路類似於前文介紹的社群經濟，基於會聚人群的共同屬性，為其提供多樣化的產品或服務。

## 掌握關鍵

### 單客經濟

用行動網路建立頻繁的直接互動，促使消費者重複購買，發揮客戶終生價值，這就是單客經濟。單客經濟提高了「銷售＝流量×轉化率×客單價」中的第三個變量「客單價」的次數。單客經濟是終身免費的流量。如何運用單客經濟？記住三件事情：建立用戶容器、邁過黏著度邊界以及滿足關聯需求。

## 延伸思考

**職場or生活中，可聯想到的類似例子？**

05

# 引爆點——如何引發病毒式傳播

**啟動亮點**

**網路時代想要引爆傳播，需要找到特定的環境，找到那些超級連接者，修改資訊的表達方式，讓它更有傳染力，然後等待「砰」的一聲引爆。**

某人做了一支有趣的影片，本以為可以引爆朋友圈，結果連轉發都沒有幾個。出了什麼問題？為什麼沒有引爆？為什麼六度空間理論*失效了呢？其實，不是六度空間理論失效了，而是這個人沒有找到引爆點。

舉個例子。羅永浩的錘子手機發表會十分精采，但這場發表會卻意外捧紅了一款應用程式——訊飛輸入法。羅永浩說，訊飛輸入法「由於一個錯字都沒有，甚至顯得有點兒假」，這就是「一個語音輸入法正確率達到百分之九十七時的壯麗景觀」。一夜之間，訊飛輸入法在應用程式商店裡衝到了工具榜第三位，成為排名最高的第三方輸入法。

訊飛輸入法之所以能引爆，不僅僅是因為產品好，還在於找到了羅永浩這樣的「個別人物」。

英裔加拿大作家麥爾坎‧葛拉威爾（Malcolm Gladwell）在二〇〇〇年出版了《引爆趨勢》（*The Tipping Point*）一書。他在書中提到，想要引爆傳播，有三個法則：少數原則、定著因素和環境力量。訊飛輸入法通過羅永浩獲得了引爆，就是應用了「少數原則」。

什麼叫少數原則？

在社交網路的六度空間中，那些真正的超級傳播者有三種類型。

**第一種叫「連繫員」**。我們身邊總有一些朋友，他們「什麼人都認識」。他們像收集郵票一樣結識朋友，並且花費巨大的精力和朋友們保持聯繫。他們是六度空間中的重要傳播節點，這個角色可以把信息最快速地散布出去。

＊Six Degrees of Separation，即在人際脈絡中，要結識任何一個陌生朋友，這中間最多只要通過五個朋友就能達到目的。

**第二種叫「內行」**。還有一些朋友，他們「什麼事情都懂」。他們對某項知識特別有研究，也樂於與身邊的人分享這些知識，朋友們都非常信任他們的判斷。

**第三種叫「推銷員」**。還有一些朋友，他們「什麼人都能說服」。他們也許沒有很深的知識，但就是有種「現實扭曲力場」*的神奇能力，總能說服身邊的每一個人。

找到人際網路中的關鍵節點，他們會成為最重要的散播資源。除了少數原則，麥爾坎還介紹了兩個法則：定著因素和環境力量。

什麼叫定著因素？

有這樣一個故事：一位盲人寫了塊「我是盲人，需要幫助」的牌子，坐在路邊等待施捨。願意施捨的路人非常少。有個女孩路過，在牌子的另一面重新寫了一句話，沒想到，施捨的人突然多了起來。這個女孩寫的是：今天真是美好的一天，但我卻看不見。

這就是定著因素：有一些特別的方式，能夠使一條具有傳染性的資訊被人記住。只要在資訊的措辭和表達上做一些簡單修改，就能在影響力上收到顯著的效果。

什麼叫環境力量呢？

有一本叫《烏合之眾》（*The Crowd : A Study of the Popular Mind*）的書很有名，它的核心觀點是：雖然每個人可能是理性的，但個人一旦融入群體後，他的個性便會被掩沒，群體的思想便會占據絕對統治地位。與此同時，群體的行為也會表現出排斥異議、極端化、情緒化及弱智化等特點。也就是說，在網路時代，人們會被環境，尤其是「情緒環境」所影響，自己卻不知道。

每次網上出現熱門事件，人們的關注度、事態發展方向、情緒走向，就相當於出現了一個不斷變化環境的威力場，抓住公眾熱點和情緒的資訊特別容易獲得傳播。比如，每次發生熱門事件後，杜蕾斯（Durex）都能用它巨大的腦洞，通過自家產品演繹這個事件，常常令人拍案叫絕。

＊ Reality distortion field，出自電視影集《星際爭霸戰》（*Star Trek: The Original Series*）。蘋果創辦人賈伯斯非常擅長說服他人完成不可能的任務，於是他的同事便用這個詞來形容賈伯斯在產品開發上的影響力。

以至於每出一件大事，都會有網友主動查看杜蕾斯的官方微博。

在網路時代，如何才能引爆傳播？在最合適的環境中，把最適合傳播的資訊，扔給最適合傳播的人群，然後就等待「砰」的一聲，引爆了。

## 掌握關鍵

### 引爆點

在行動網路時代，引爆傳播有三個法則：第一，少數原則，找到超級傳播者；第二，定著因素，讓資訊本身具有傳播性；第三，環境力量，在特定的環境中，資訊更容易被傳播。

## 延伸思考

**職場or生活中，可聯想到的類似例子？**

啟動亮點

**密切關注科技、政策、用戶的變化，抓住趨勢的紅利，就可能獲得商業上的成功。**

06

# 紅利理論——抓住稍縱即逝的商業機會

網路真的會徹底改變商業世界嗎？如果是真的，為什麼馬雲大談新零售呢？為什麼淘寶女裝品牌茵曼，要在線下推廣「千城萬店」計畫呢？為什麼網路金融開始申請牌照打算開銀行呢？

再風光的東西都可能只是曇花一現。有什麼東西是不管遇到多大的困難，最終都會成功的呢？要回答這些問題，就要深刻理解「紅利」。

什麼叫紅利？

電商從來都不是更先進的商業模式，它只是處在某一個特殊的歷史階段：上網的消費者數量急劇增加，可商家卻很少，所以讓少部分的敏感者享受到了一段時間的低成本流量。這種因爲某些基礎要素發生變化而產生了短暫的供需失衡，被少部分敏感者抓住的商業現象，就叫紅利。

淘寶二〇〇三年成立，最開始用戶增長速度很緩慢，後來有一個階段，用戶數量突飛猛進地增加，但是商家卻很少，這個階段就是紅利期。當愈來愈多的人意識到上網賣東西能賺錢，紛紛開起網店後，電商的紅利就消失了。所以，無論是阿里巴巴還是小米公司，或者說所有依存於網路的電商機構，都開始重新回到線下尋找流量。商業再次回歸本質，開始競爭產品、創新和效率。

除了電商外，網路還給了哪些企業紅利呢？

擁有大量粉絲的微信公眾號。微信是二〇一一年成立的，現在全球用戶已經超過十億。而二〇一三年、二〇一四年是微信用戶數量突飛猛進增長的時期，那時候，隨便做一個微信公眾號就可以獲得很多關注，因為那時的微信公眾號是在和「荒蕪」競爭。那段時間就是微信的紅利期：用戶已經改變，而商家還沒有。

但現在，微信已經有二千多萬個公眾號。假設用戶閱讀公眾號的總時間不變，平均花在每個公眾號上的時間就會顯著降低。紅利已經被先入者享用。

所以，紅利是一個時間屬性很強的東西。它是因為某些基礎要素發生了變化而產生的短暫性供需失衡。抓住這個短暫的失衡，迅速占據市場占有率（市場份額），然後修建護城河，就有機會成就新的商業帝國。

那麼，我們應該如何抓住這些稍縱即逝的紅利呢？

**第一，關注科技的變化。**每一次重大的商業變革出現，無外乎是因為一個基礎要素發生了變化，比如政策、科技等。一種新科技的商用化可能會極大提高生產力，而生產力決定生產關係。所以，科技的進步一定會改變所有牢固的商業模式，就像電商對零售業的改變。密切關注科技進步，並保持思考：我的行業能如何利用這項科技提升效率。

**第二，關注政策的變化。**政策的變化是商業變化的一個重要變量。比如，匯率的改變，可能會影響外貿生意；人口結構的改變，可能會影響製造業成本；利率的調整，可能會影響固定資產投資；四兆的投入，可能會帶來基礎建設的繁榮。

**第三，關注用戶的變化。**美國有一波經濟發展是被戰後嬰兒潮帶動的，中國也類似。六〇後、七〇後是中國的購買主力，這些人到了什麼年齡階段買什麼，什麼行業就賺錢。關注這些人消費習慣的變化，就有機會抓到消費趨勢的紅利。九〇後、〇〇後的生活習慣慢慢形成主流，也會帶來新的紅利。

但是，抓住紅利後，想要獲得長久的成功，還是要回歸核心競爭力。不要把紅利當成商業模式，更不能當成核心競爭力。要有抓住紅利的能力，更要有區別紅利和核心競爭力的智慧。

掌握關鍵

## 紅利理論

科技、政策、用戶發生變化，會形成短暫的供需失衡，給商業機構帶來機遇。紅利，有很強的時間屬性，迅速彌補失衡，就能占領市場、獲得優勢。抓住紅利後，想要獲得長久成功，最終還是要回歸核心競爭力。注意，不要把紅利當成商業模式，更不能當成核心競爭力。要有抓住紅利的能力，更要有區別紅利和核心競爭力的智慧。

延伸思考

**職場or生活中，可聯想到的類似例子？**

第**2**章

# 內容

01

啟動亮點

**好的文案可以觸動消費者強烈的情緒，讓他們忍不住購買或幫你廣告產品。**

# BFD法則——到底什麼樣的文案叫走心

L在房地產公司做文案工作，老闆讓他為新推出的「年輕人小戶型房產」寫宣傳文案。他參考了很多雜誌，寫了一句主文案：有家，就有一切。結果老闆很不滿意，說這個文案不上心，怎麼辦？

文案是用一篇文字、一張照片或一段影片，喚起消費者強烈的情緒，使他們忍不住購買或傳播產品的工具。好文案是坐在鍵盤背後的銷售。老闆不滿意的根本原因在於，L寫的這句話並不能喚起消費者強烈的情緒。

如何才能喚起消費者強烈的情緒呢？著名文案大師邁克‧麥斯特森（Michael Masterson）說，寫出好文案，要從人們的三種「核心情緒」開始，它們是：信念（beliefs）、感受（feelings）和渴望（desires），簡稱BFD。

**第一個，信念。**

信念就是消費者相信什麼。文案比消費者更準確、更有力地表達出他們的信念，就能激起「哇，你竟然也這麼覺得」的共鳴感。

比如，耐吉（Nike）的 Just Do It（想做就做）說出了許多年輕人永不服輸的信念：

在你的一生中，有人總認爲你不能幹這，不能幹那；在你的一生中，有人總說你不夠優秀、不夠強健、不夠有天賦，他們還說你身高不行、體重不行、體質不行，不會有所作爲。他們總說你不行！在你的一生中，他們會成千上萬次迅速地堅定地說你不行，除非你證明自己能行！Nike, Just Do It.

再比如，愛迪達（Adidas）的「太不巧，這就是我」：

他們說，「太粉了」、「太粗放」、「太放肆」、「太浮誇」、「太假」、「太快」、「太呆」、「太娘」、「太man」、「太完美」、「太幼稚」、「太狂熱」、「太懶」、「太怪」、「太晚」……

看到這裡，很多年輕人都會產生共鳴：這不就是那些看不慣自己的人常說的話嗎？這時，文案話鋒一轉：

太不巧，這就是我。

這句話簡單有力，幫年輕人反擊那些什麼都看不慣的人，說出了許多年輕人「為自己而活」的信念。

**第二個，感受。**

感受就是消費者的情緒。基於情緒和感受的表達，遠比理性更打動人心。比如，用一萬個字描述食物如何好吃，都不如一句「媽媽的味道」來得走心。

前文提到有一個盲人寫了塊「我是盲人，需要幫助」的牌子。可是，並沒有很多人給他錢。後來有個女孩路過，把牌子翻過來，重新寫了一句話，給錢的路人突然變多了。女孩寫的是：今天真是美好的一天，但我卻看不見。

兩句話其實是同樣的意思，但女孩用第二句話，把路人放在盲人的情緒和感受裡，激發了共鳴。

**第三個，渴望。**

渴望就是消費者最想要的東西。某鋼琴學校要向家長推廣課程，他們思考了這樣的問題：家長送孩子上各種課程，他們內心最想要的是什麼？真的是希望孩子彈好鋼琴或者拉好小提琴嗎？也許並不是。這所鋼琴學校最後把文案定為：學鋼琴的孩子不會變壞。

這則看似和鋼琴無關的文案打動了很多人——也許，這才是家長真正渴望的。

回到開篇的問題，L應該怎麼辦？他應該追問自己，買房子的年輕人渴望的到底是什麼？某家房地產商寫出了這樣的文案：別讓這座城市只留下你的青春，卻留不住你。

很多年輕人看到這句話，都會感到「扎心」。最基本的安全感，也許才是年輕人渴望獲得的。

如果是適合一家三口的改善型住房*呢？某家房地產商是這麼寫的：房價能等待，但孩子的童年不能等。

*無論原有的住屋賣或不賣，為了讓孩子讀書方便，或為了換大坪數，或為了提高生活品質等原因，想再買一間普通民宅，稱為改善型住房。

## 掌握關鍵

### BFD法則

寫出好文案的要領，在於從人們的三種核心情緒開始，包括：第一，信念：讓文案本身比消費者更能有力地表達他們的信念，激發共鳴感。第二，感受：技巧性地使用文句，換位思考，讓消費者感同身受。第三，渴望：挖掘消費者內心最深層的渴望，寫出來的文案才能觸動人心。

## 延伸思考

**職場or生活中，可聯想到的類似例子？**

啟動亮點

一句好的廣告語不僅能夠刺激購買，更能便於傳播。

02

# 赫斯定律——

## 什麼叫「好的廣告語」

某人開了一家叫「小四川」的火鍋店，想寫出類似「怕上火，就喝王老吉」這樣經典的廣告語。他想了很多，比如「吃小四川，走成功路」、「小四川，弘揚中國飲食文化」、「小四川，用二十八種原料、十七道工序，熬製七十二小時才敢端上桌的火鍋」，但都不滿意。之所以不滿意，是因為他沒有理解好的廣告語的創作原則和創作方法。

好的廣告語，有兩個目的：第一個，刺激購買——被你說中了，我確實容易上火，我買；第二個，便於傳播——如果別人問你為什麼喝王老吉，你會張口就說：怕上火，就喝王老吉啊！

怎樣才能達到這兩個目的？

有三個創作原則需要注意。

**第一個，簡單易記。**

澳洲廣告學家赫斯（H.Hess）曾說過：廣告超過十二個字，讀者的記憶力要降低百分之五十。好的廣告語，一定要短。這被稱為「赫斯定律」。

「小四川，用二十八種原料、十七道工序，熬製七十二小時才敢端上桌的火鍋」，這句話有二十多個字，聽上去很厲害，但大部分聽過的人都記不住，更複述不出來。

**第二個，對消費者有利。**

「小四川，弘揚中國飲食文化」，這句話雖然氣勢磅礴，但沒有把最關鍵的問題講清楚：對消費者有什麼好處？

我個人非常喜歡CNN（美國有線電視新聞網）的廣告語：Be the First to Know（你第一個知道）。作為新聞頻道，「最新最快」是最核心的競爭力。一句「你第一個知道」，就把給觀眾的利益強勢地展現了出來。

**第三個，與產品相關。**

「吃小四川，走成功路」，這句話聽上去似乎對消費者有好處，但「走成功路」和火鍋的關係未免太過牽強。

我很喜歡雀巢（Nestle）咖啡的一句廣告語：再忙，也要和你喝杯咖啡。短短幾個字，把感情和產品連接得非常好。

理解了文案的三個創作原則後，用什麼樣的創作方法才能完成既能刺激購買又便於傳播的廣告語呢？關於廣告語創作方法，國內外無數高手各顯神通，其中有兩個最大的「門派」。

**第一個，價值主張派。**

強調打穿消費者痛點，強化產品獨特價值。

著名行銷人小馬宋老師講過一個案例。有一次，他給一個賣瓜子的客戶設計廣告語。這個客戶的瓜子質量很好，但賣一百元一斤，很貴。這麼貴的瓜子，怎麼突出價值？小馬宋老師瞭解到，這種瓜子是精挑細選出來的，每十斤裡只能選出二兩。於是，小馬宋老師寫了一句廣告語：十斤瓜子選二兩。簡單幾個字，就充滿了價值感。

此外，價值主張派的代表還有聯邦快遞（FedEx）的廣告語——「使命必達」；麥斯威爾（Maxwell House）咖啡的廣告語——「滴滴香濃，意猶未盡」等等。

回到開篇的問題，火鍋店老闆應該怎麼寫文案？他可以根據自己火鍋的獨特價值寫廣告語，比如「小四川火鍋，吃完衣服沒味道」。

**第二個，行動指令派。**

強調用祈使句和動詞激勵消費者立刻行動。

在行動指令派中，百度公司的廣告語很經典。二〇〇七年前，百度的廣告語是「有問題，百度一下」；二〇〇七年改為「百度一下，你就知道」。「百度」是公司的名字，被刻意當作動詞來用，有很強的行動指令感。如今，「百度一下」已經變成很多人的口頭禪了。

此外，行動指令派的代表還有美國運通（American Express）信用卡的廣告語——「沒有它，別離家」；平安保險的廣告語——「買保險，就是買平安」等等。

那火鍋店老闆應該怎麼辦？他可以試著針對某個場景發出行動指令，比如「兩個人以上，就去吃小四川火鍋」。

掌握關鍵

## 赫斯定律

好文案的創作原則有三：第一，簡單好記。太長的廣告標語不利於記憶。第二，對消費者有利。把關鍵點傳達清楚，讓人一看就知道有什麼好處。第三：不背離產品。文案寫得再好，一旦和產品的關係扯得太遠，就會讓人無法產生連結，甚至覺得突兀。

延伸思考

職場or生活中，可聯想到的類似例子？

03

> 啟動亮點
> 行動網路時代，讀者只用半秒來決定是否點閱一篇文章；讓讀者決定要不要點閱的關鍵，是文章的標題。

# 4U原則——為什麼你的文章沒人看

上一篇文章舉了火鍋店的例子，假設還是那家叫「小四川」的火鍋店，老闆把廣告語定為「小四川火鍋，吃完衣服沒味道」，打算在微信平臺大力推廣。他寫了很多文章，比如〈最美的味道，是歡聚的味道〉、〈火鍋的味道，只應唇齒留香，不應糾纏衣物〉，但點閱率都不高，轉發就更少了。這是為什麼？

內容被大量轉發的前提是閱讀，閱讀的前提是點開。在行動網路時代，讀者只用半秒來決定是否點閱一篇文章。這麼短的時間，讀者靠什麼做出決定？就是文章的標題。

什麼樣的標題才能激發讀者強烈的點閱欲望？文案大師羅伯特・布萊（Robert W. Bly）在他的暢銷書《文案大師教你精準勸敗術》裡，提出了寫標題的「4U原則」，我們可以把它當成創作標題的心法。

**第一個原則，緊迫性（urgent）。**人們怕晚得到、早失去，所以，充滿緊迫性的標題可以給消費者一個立即點閱的理由。比如，〈上半年最大機會〉、〈下周一新交規即將實施〉。

**第二個原則，獨特（unique）。**某樣東西人們在別的地方沒見過，可能也見不到，這就是獨特性，能誘發巨大的好奇心。比如，〈解密MH370墜機的真正原因〉、〈張小龍首次披露心聲〉。

**第三個原則，明確具體（ultra-specific）。**具體的東西更容易帶給讀者獲得感，從而使其想要占有。比如，〈寫好標題的四個心法，三招劍法〉、〈這九種交流方式，容易得罪人〉。

**第四個原則，實際益處（useful）。**承諾利益，永遠是俘獲讀者的不二法門。比如，〈價值兩萬元的資料，今天免費拿走〉、〈做到了這幾點，他的月薪從五百元漲到五十萬〉。

那麼，火鍋店老闆應該怎麼辦？他可以基於4U原則，以「點閱」而不是「購買」或「轉發」為目標，重寫標題，激發讀者強烈的點閱欲望。具體怎麼做？可以試試高手們基於「4U心法」總結的「三招劍法」。

### 第一招：「目標人群＋問題＋解決方案」。

這家火鍋店的目標人群是誰？直接對他們喊話，點出問題，並給出方案。可以試試這麼寫：

想陪男朋友吃火鍋，又怕毛衣有味道？現在終於有人解決了這個問題！

最擔心衣服上有味道的是女孩們，「想陪男朋友吃火鍋」是篩選讀者，對她們喊話；「怕毛衣有味道」是通過畫面感，用問題、衝突喚起共鳴；「現在終於有人解決了這個問題」是給出解決方案，讓讀者忍不住點閱。

### 第二招：「在XX時間內，得到XX結果」。

在注意力稀缺的今天，人們需要有承諾的利益，並且是馬上就能獲得的利益，才願意投入時間，打開去閱讀一篇文章。可以試試這麼寫：

揭祕：吃一頓火鍋，衣服少活半年。如何一分鐘不要、一分錢不花，解決這個問題？

「吃一頓火鍋，衣服少活半年」是個問題，解決這個問題，是讀者希望得到的結果；「一分鐘不要，一分錢不花」是告訴讀者解決這個問題不需要代價。讀者很可能忍不住就點開了。

**第三招：「熱門人物＋獨家信息」。**

人們都有好奇心，對大人物更甚。這也是新聞，尤其是八卦新聞有人看的原因。可以試試這麼寫：

被稱作火鍋界的特斯拉，只因擁有這三樣黑科技！

「火鍋界的特斯拉」，是蹭大人物、大公司、大熱門；「這三樣黑科技」，是獨特資訊，激起讀者的好奇心。

掌握關鍵

## 4U原則

好的文章標題可以激發讀者的點閱欲望，下標時謹記4U原則：第一，緊迫性，給讀者一個非立即點閱不可的理由。第二，獨特性，用「只有我這兒有」來激發好奇心。第三，具體；避免籠統、抽象的標題。第四，實際好處；承諾利益，籠絡讀者。

延伸思考

**職場or生活中，可聯想到的類似例子？**

04

# 瘋傳六原則——

## 怎樣讓文章刷爆朋友圈

啟動亮點

**文案的責任是促使讀者做出「行動」；標題的責任是促使讀者「點閱」；內容的責任是促使讀者「轉發」。**

還是那家「小四川」火鍋店，老闆嘗試用「4U原則」寫標題後，文章的點閱率大大提高。但他發現，點閱率雖然高了，但轉發率並不高。怎麼辦？

文案的責任是促使讀者做出「行動」；標題的責任是促使讀者「點閱」，而不是「轉發」內容。可是，轉發真的很重要——據統計，如今微信文章的閱讀量，有百分之八十左右來自朋友圈轉發。如果標題不負責轉發，那由誰負責呢？

答案是：內容本身。文章的轉發率不高，可能是內容不具備容易被轉發的六大特徵。

美國華頓商學院的市場行銷學教授約拿．博格（Jonah Berger）專門研究了「轉發」這件事，他想看看到底是什麼激發了一個人分享的欲望。他把研究成果寫成了一本書，叫作《瘋潮行銷》（*Contagious*），書中提出了引發瘋狂傳播的六個核心要素，被稱為「瘋傳六原則」。

**第一個原則，社交貨幣。**

如果分享某個內容，能讓別人覺得自己優秀、與眾不同，這個內容就像貨幣一樣，買回了別人的刮目相看。

看看那些被塑膠袋纏繞而變得畸形的海龜，被鎖住喉嚨的海鳥，這都是人類一手造成的。從我做起，不用塑膠袋。

這就是社交貨幣，讓別人覺得你充滿愛心。

**第二個原則，誘因。**

聽到一首歌，想起某段記憶，這首歌就是記起往事的誘因。

有段時間，火星糖果公司的糖果棒突然賣得非常好，調查後發現，美國太空總署宣布了登陸火星計畫，這個誘因讓消費者想起有個糖果品牌也叫「火星」，於是糖果大賣。

所以，想要內容被更廣泛地傳播，就要把內容和常見的事情關聯起來，比如周末、下雨天、早晨等，讓它們成為誘因。

**第三個原則，情緒。**

轉發是一個心理成本很高的動作，只有強烈的情緒才能激發讀者分享。約拿說，有五種強烈的情緒最容易引起轉發——驚奇、興奮、幽默、憤怒和焦慮。

他還做了實驗，結果發現：幽默會提高百分之二十五的轉發率，驚奇會提高百分之三十的轉發率，而悲傷會降低百分之十六的轉發率。

**第四個原則，公開性。**

人們都喜歡模仿，想讓文章或活動瘋傳，就需要讓更多人看到。

耐吉曾想做一個品牌公益活動，當時有兩個選擇：第一個，辦場公益自行車賽，邀請家人為選手捐款；第二個，做個醒目的腕帶販售，將收入捐給公益組織。最後，耐吉選擇了第二個活動，大獲成功，六個月賣出去五百萬只腕帶。

這次成功也許有很多原因，但肯定有的一點是：腕帶戴在手上會被很多人看到，其他人會紛紛模仿，購買腕帶。

由此可見，公開性對引爆和瘋傳至關重要。

**第五個原則，實用價值。**

看到「這種食物能讓失眠的人很快入睡」的資訊，你是不是很想轉給身邊睡不好的朋友？在網路時代，健康和教育類文章屬於最常被轉發的文章，因為有實用價值。

**第六個原則，故事。**

二〇一七年，招商銀行的一支影片刷爆朋友圈，這支影片叫作《世界再大，大不過一盤番茄炒蛋》：一位留學生初到美國，參加一個聚會，每個人都要做一道菜，他選了最簡單的番茄炒蛋。但是搞不定，於是他向遠在中國的父母求助，父母拍了做番茄炒蛋的影片指導他。最後，聚會很成功。隨後他突然意識到，當時是中國的凌晨，父母為了自己，深夜起床進廚房做菜。

很多人都被打動，哭著看完影片。招商銀行的負責人說，這段影片只投放給了四十多萬用戶，但最後觀看次數超過一億。

這就是好故事的力量。

那麼，火鍋店老闆應該怎麼辦？圖文並茂地列舉一百種火鍋吃法，作為「社交貨幣」，換回「有文化的吃貨」的讚嘆。或者，無可辯駁地講述，為什麼女生一定要吃「衣服沒有味道」的火鍋，這樣就把「和女生吃飯」變成誘因，以後和女生用餐，顧客就會想起這家店的無味火鍋。還可以寫一篇情緒感力極強的文章，講述一個人到國外就餐才知道自己有多愛國內的火鍋等等。

掌握關鍵

## 瘋傳六原則

能夠引發瘋狂傳播的六個核心要素，被稱為「瘋傳六原則」（STEPPS），包括：社交貨幣（社交身價，Social Currency）、誘因（觸發物，Triggers）、情緒（Emotion）、公開性（曝光，Public）、實用價值（Practical Value），以及故事（Stories）。

延伸思考

**職場 or 生活中，可聯想到的類似例子？**

# 第3章

# 傳播

**01　饑餓行銷**－讓顧客排起長隊，幫忙樹立品牌

**02　創意行銷**－創意，就是舊元素的新組合

**03　跨界行銷**－強強聯手，滿足複雜的消費需求

**04　借勢行銷**－三字心法：快、準、狠

**05　造勢行銷**－撬動大眾傳播勢能

啟動亮點

讓消費者「餓」是一種重要的行銷戰術。

01

# 饑餓行銷——

## 讓顧客排起長隊，幫忙樹立品牌

有一次，一個品牌商想請我吃飯，我本想禮貌地拒絕，但是瞟了一眼餐廳的名字，立刻爽快地答應了。這家餐廳被很多美食雜誌評為全球最佳的幾十家餐廳之一，我預訂了幾個月都沒訂上。因為它每晚只接待一桌，共十位客人，所以至少要排隊等上幾個月才能吃到，其用餐價格也到了六千、七千元一位的「天價」。

有的人或許會疑惑：既然餐廳這麼火，老闆為什麼不換張大桌子，或者搞個千人大廳，再開幾個VIP（貴賓）包廂，然後在全國開連鎖店呢？價格再貴，一天只能接待十位客人，賺的錢也有限。

這家餐廳的老闆真的沒想清楚嗎？其實不是。他用的行銷策略是「饑餓行銷」。

動畫片《一休和尚》裡有一集講的是，日本的足利將軍吃遍人間美味，愈來愈厭倦，四處尋找新的美味。一休邀請將軍到寺廟來，品嚐最美味的食物。將軍欣然前往，卻在一休的巧妙安排下接連做了砍柴、挑水、擦地板等粗活累活，餓到了極點。一休隨後遞給將軍一碗清粥和一碟鹹菜，將軍狼吞虎嚥，覺得這簡直是世界上最好吃的食物。所以，人們吃掉的不是食物，而是「餓」的感覺。

商業世界也一樣，讓消費者「餓」是一種重要的行銷戰術，這種戰術被稱為饑餓行銷。

饑餓行銷的本質，是邊際效益在行銷領域的應用。饑餓行銷的目的，看起來是通過嚴格控制產量，讓供給端始終遠小於需求端，從而產生供不應求的假象，把消費者「餓」暈，然後抬高價格獲得暴利。但實際上，饑餓本身限制了銷量，企業的利潤未必很高。所以，饑餓行銷的真正目的不是利潤，而是品牌附加價值。

那麼，應該如何運用饑餓行銷？

先記住三個前提：第一，產品要有不可替代性，你想限量賣七個饅頭，但顧客可以選擇吃包子，包子就替代了饅頭；第二，消費者願意甚至喜歡追逐新奇和稀缺；第三，市場競爭還不激烈，如果滿世界都是賣饅頭的，你限量銷售七個，消費者就去買別家的饅頭了。

基於這三個前提，我們再來看看饑餓行銷的邏輯可以怎樣應用。

有個賣茶葉蛋的王阿婆，每天只做五百個茶葉蛋，下午四點三十分開賣，基本上兩個小時內就會被顧客搶光。有人問她：「為什麼不多做幾個？」她說：「那得花很大的力氣。我現在只做五百個，一天忙幾個小時，就可以回家，日子過得很快活，何苦那麼累呢？」不管王阿婆是有意還是無意，她正在使用饑餓行銷的策略。

愛馬仕（Hermès）把饑餓行銷做到了極致。它的經典包款 Birkin（鉑金包）和 Kelly（凱莉包），定價七萬元到三十萬元不等，但長年處於缺貨狀態，很多人在排隊購買。長長的排隊名單又刺激了更多人的購買欲望，據說等上三五年都很常見。消費者之所以願意排隊等待，是因為這款包很難量產。「很難量產」是很多機構給饑餓行銷起的別名。

饑餓行銷就是通過故意調低產量，造成供不應求的「假象」，維持高利潤和提升品牌附加價值的行銷手段。但是，饑餓行銷也有不少副作用：第一，客戶流失，過度饑餓行銷就是將客戶送給競爭對手；第二，顧客反感，過度饑餓行銷，會讓消費者「餓」到冷靜，覺得被愚弄，對品牌產生厭惡。

掌握關鍵

## 飢餓行銷

這是一種通過故意調低產量，造成供不應求的假象，以維持高利潤和提升品牌附加價值的行銷手段。使用飢餓行銷有三個前提：產品具備不可替代性、消費者心智不成熟、市場競爭不激烈。

延伸思考

**職場or生活中，可聯想到的類似例子？**

02

啟動亮點

舊元素的新組合，就是讓人既熟悉又陌生，令人出乎意料，由此激發驚嘆，繼而引發傳播。

# 創意行銷——

## 創意，就是舊元素的新組合

某珠寶商想通過創意行銷，比如贊助明星珠寶首飾、在電影結尾獲得鳴謝等方式，促進品牌和產品的傳播，但效果都不好，他很苦惱。

想要使品牌和產品得以傳播，創意確實是一件大利器。但是，什麼才叫有創意？創意的本質是什麼？美國廣告大師楊傑美（James Webb Young）說：「創意，就是舊元素的新組合。」

什麼叫「舊元素的新組合」？舊元素讓人有熟悉感，新組合讓人有陌生感。舊元素的新組合，就是讓人既熟悉又陌生，由此激發「居然還可以這樣」的驚嘆，繼而引發傳播。

這個「舊元素的新組合」真的有用嗎？它可以怎麼促進珠寶銷售？

艾倫・佩瑞（Alan Perry）是美國北卡羅萊納州W小鎮的一位珠寶店老闆，他在二〇一〇年的「黑色星期五」推出了一個非常有創意的活動：如果顧客兩週內在店裡買了珠寶，聖誕節當天，只要距離該店五百公里外的A小鎮下雪的積雪厚度超過三英寸（一英寸約等於二・五四公分），顧客可以獲得全額退款。這個消息一下子傳播開了，甚至A小鎮的居民都開車到五百公里外的W小鎮買珠寶。艾倫的珠寶店門庭若市，銷量大漲。

這就是「舊事物的新組合」。珠寶和下雪都是舊事物，根據積雪厚度來決定珠寶的價格，這種熟悉的陌生感就是創意，激發了「居然還可以這樣」的傳播。

那麼，A小鎮後來下大雪了嗎？很不幸，原本很少下雪的A小鎮在聖誕節當天居然下起大雪，積雪厚度竟達六英寸。艾倫的小店門前排滿了等待退錢的人，他一共退了四十多萬美元。

但是，艾倫早就為自己購買了「天氣保險」，保險公司會賠付艾倫的損失——這還是舊事物的新組合。珠寶、下雪和天氣保險都是舊事物，被重新組合在一起卻產生了一次「教科書級」的創意行銷。後來，艾倫繼續推出了「結婚當天如果下雨，婚戒免費」的活動，依然獲得了很好的效果。

那麼，如何把自己的產品和舊事物組合在一起，做出令人驚嘆的創意行銷？有四個具體的組合思路。

**第一個，和經典傳說、故事、小說、影視等組合。**

比如，珠寶和《西遊記》怎麼結合？有一家珠寶商，參考《西遊記》裡孫悟空頭上金箍和手中金箍棒的造型做了兩款戒指，寓意「愛你一萬年」，讓人眼前一亮，引發了不小的轟動。

**第二個，和經典藝術作品組合。**

經典藝術作品《蒙娜麗莎》極具情感穿透力，潘婷（Pantene）就曾借助這幅名畫做了創意行銷，寓意「修覆被歲月損傷的秀髮」，對舊元素進行了新組合。

**第三個，和新聞事件組合。**

這種組合思路就是常說的「蹭熱點」。在這一點上，杜蕾斯都不是鼻祖，我們必須致敬邦迪（Band-Aid）OK蹦。

在二〇〇〇年的南北韓高峰會上，朝鮮的金正日和韓國的金大中會面，轟動全球。邦迪OK蹦借勢推出一則廣告：邦迪堅信，沒有癒合不了的傷口。這則創意腦洞大開地把OK蹦和南北韓高峰會組合在一起，引得各大媒體爭相報導。

**第四個，和廣告作品本身組合。**

寶馬公司（BMW）一百歲生日時，賓士公司（Mercedes-Benz）發來賀電：感謝一百年來的競爭，沒有你的那三十年其實很無聊。賓士通過這種方式暗諷寶馬「還是個孩子」，這則賀電一時間火爆起來。寶馬很快回應：君生我未生，我生君已老。這個回應則暗諷賓士「廉頗已老」。兩家公司用廣告彼此借勢，雙贏而歸。

### 掌握關鍵

## 創意行銷

將你的產品和舊事物結合起來，做出創意滿點的行銷，有四個具體的組合思路：第一，和經典傳說、故事、小說、影視等組合；第二，和經典藝術作品組合；第三，和新聞事件組合；第四，和廣告作品本身組合。

### 延伸思考

**職場 or 生活中，可聯想到的類似例子？**

03

# 跨界行銷——

## 強強聯手，滿足複雜的消費需求

**啟動亮點**

「一個用戶」＋「多個角度」，是跨界行銷的成功關鍵詞。

某人經營一個消脂茶品牌，聽說「跨界行銷」很火，計劃和一家連鎖速食餐廳合作：買炸雞就送消脂茶。他希望用消脂茶降低顧客吃油炸食品的內疚感。可是，買炸雞的人居然不買帳，還是繼續買可樂，怎麼辦？

要解決這個問題，首先要理解跨界行銷的本質：不同品牌從多個角度詮釋一個用戶的特徵，從而達到「一加一遠大於二」的行銷效果。這句話裡有一個關鍵詞——「一個用戶」。吃炸雞的人已經置「胖不胖」於度外，這樣的人有很大機率是不會喝消脂茶的；而喝消脂茶的人不會輕易進速食餐廳。他們不是同一群人，因此不是「一個用戶」。

那怎樣才算是「一個用戶」？舉個例子。電影《復仇者聯盟》（*The Avengers*）曾與寶僑公司（P&G）旗下的吉列（Gillette）刮鬍刀進行跨界行銷，聯合推出了四款以「復仇者聯盟」為主題的刮鬍刀。喜歡看《復仇者聯盟》的觀眾有很多是血氣方剛的男性，這群用戶正好和吉列刮鬍刀的用戶高度一致。也就是說，《復仇者聯盟》的用戶和吉列刮鬍刀的用戶是「一個用戶」。所以，當綠巨人浩克、鋼鐵人、美國隊長和雷神款刮鬍刀推出後，吉列的用戶都瘋狂了。這是一次非常成功的跨界行銷。

跨界行銷的本質還有第二個關鍵詞——「多個角度」。這個關鍵詞指的是不同品牌聯合起來，為用戶提供更全面的體驗，滿足用戶更複雜的需求。

怎樣才算是「多個角度」？舉個例子。日本的網路產業雖然不如中國發達，但其報紙行業依然不斷沒落。日本著名報刊《每日新聞》腦洞大開，決定和礦泉水進行跨界行銷。

報紙和礦泉水都是「國民產品」，幾乎每個人都需要，所以天然面對「一個用戶」。但是，怎樣才能從多個角度，詮釋一個用戶的特徵，為其提供更全面的體驗，滿足更複雜的需求呢？

《每日新聞》決定用新聞報導設計瓶裝水的包裝，給這種礦泉水起了個名字叫「News Bottle!」（新聞瓶），然後把它們投放到餐館和超市便利商店。由於新聞具有時效性，礦泉水公司在一個月內推出了三十一款包裝。而且，因為有報紙廣告的收入，礦泉水的成本反而降低不少。

結果，這種礦泉水在日本獲得了巨大的成功，每家便利商店每個月能售出三千瓶「新聞瓶」。「新聞瓶」的瓶身還印有QR Code，用戶可以掃描QR Code，用手機閱讀最新的新聞。《每日新聞》還採用了擴增實境（AR）技術，讓讀者可以有身臨其境的閱讀體驗。

那麼，消脂茶的跨界行銷應該怎麼做？它可以嘗試和婚紗品牌合作。

婚紗店老闆在大廳擺放一套準新娘們夢寐以求的、有完美身材才能穿上的「完美婚紗」，然後就像用水晶鞋尋找灰姑娘一樣，用這套完美婚紗在全國範圍內尋找擁有完美身材的準新娘，贈送給她做新婚禮物。而消脂茶品牌可以冠名贊助這場活動。這樣一來，兩個品牌就做到了為

「新娘」這「一個用戶」，從衣服美麗和身材美妙的「多個角度」，提供更全面的體驗，滿足更複雜的需求。

掌握關鍵

## 跨界行銷

想要成功推動跨界行銷，必須搞懂它的兩個本質：第一，一個用戶；即產品本身的目標客群和你要跨界合作的品牌的客群一致，這樣才有一加一大於二的效果。第二，多個角度；即不同的品牌聯合起來，為用戶提供全方位的體驗，同時滿足他們更複雜的需求。

延伸思考

**職場or生活中，可聯想到的類似例子？**

04

# 借勢行銷——

## 三字心法：快、準、狠

啟動亮點

將銷售的目的包藏於行銷活動內，讓消費者在無形之中瞭解產品並接受產品。

某巧克力品牌的老闆想嘗試「借勢行銷」，於是在某明星公布女友時發了一張產品圖，並配上文案：××巧克力祝你們甜甜蜜蜜。但最後卻沒什麼效果，他很苦惱，這是為什麼？

借勢行銷，「勢」是熱點事件，是洶湧而來的注意力。但這個「洶湧而來的注意力」，來得快去得也快，要想借助它並不容易——就像想要射中突然出現卻轉瞬即逝的野兔一樣，必須掌握移動射擊的心法。

巧克力店老闆的問題在於，他雖然看到了「勢」，卻沒有掌握借勢行銷的三字心法：快、準、狠。

「快、準、狠」具體指什麼？

**第一，快。**

熱點總是突如其來，反應稍微慢半拍就可能錯失良機。

二〇一五年五月二十九日上午十一點十六分，李晨在微博上發了一張和范冰冰的合影，並配上兩個字「我們」，范冰冰隨後轉發公布了戀情。熱點出現了，真正的借勢行銷高手，應該多快做出反應呢？杜蕾斯只用了九分鐘——在官方微博上發了一張應景的借勢行銷圖片，配了一句話：「你們！！！！！！！！冰冰有李！！」

當時很多公司可能還不知道這件事，知道的還沒反應過來，反應過來的還沒向老闆匯報，匯報了的老闆還在決策，決策結束了團隊還得腦力激盪……

借勢行銷的「快」是第一要素，以小時甚至分鐘為單位。因為最大的一波注意力洶湧而來，稍縱即逝。稍微慢一點兒，可能就只能趕上細流了。

**第二，準。**

借勢行銷的第二要素，就是要抓「準」熱點。清醒而準確地判斷，哪些勢可以借，哪些勢不能借。

可以借的勢大概有七大類，它們是：節日類、賽事類、娛樂類、行業類、時政類、災難類和負面類。

節日類最安全，但注意力並不洶湧。常見的方法有，在中秋節借月餅的勢，在光棍節借「單身狗」的勢。

賽事類、娛樂類的注意力會如巨浪一樣撲面而來，但也轉瞬即逝，短時間內借勢效果會驚人地好，但如果過了很長時間還在借勢就味如嚼蠟了。

行業類借勢要注意風向，判斷清楚走勢，防止事件發生反轉，再迅速借勢。

時政類、災難類、負面類的借勢要極其慎重，稍有不慎便引火燒身。二〇一四年馬來西亞航空的 MH370 飛機失聯，災難性熱點出現。某保險公司借勢宣傳，用調侃的語氣說「這年頭，說不準啊，飛機也能失聯」。

結果被網友痛罵，最後被迫刪文，給品牌帶來了巨大的負面影響。

**第三，狠。**

借勢行銷的第三個要素，也是最重要的要素，就是「狠」——必須建立這個「勢」與自己的關聯。

第二十二屆冬奧會的開幕式上，空中高懸的五朵雪絨花本應綻放成奧運五環，結果只開了四朵。「五環變四環」的失誤，立刻變成了巨大的輿論熱點。如何把這個「勢」與自己的品牌關聯？

當時，紅牛（Red Bull）發了一張照片，照片上把該品牌的能量飲料擺成五環的樣子，四罐是打開的，一罐沒有打開，並配了一行文案：打開的是能量，未打開的是潛能。這樣就巧妙地用正能量的方式，把一次活動失誤與品牌關聯起來，同時把「五環變四環」的討論推向了高潮。

掌握關鍵

## 借勢行銷

借勢行銷三大心法：第一，快；把握偶發大事件的黃金時機，在短時間內想出相應話題，趁勢追擊。第二，準；準確判斷哪些爆紅事件可以跟風，哪些不行。第三，狠；務必將熱門話題和自己的產品連結起來。

延伸思考

**職場or生活中，可聯想到的類似例子？**

## 05

### 啟動亮點

主動製造話題引起大眾關注，進而獲得傳播勢能。

# 造勢行銷——

## 撬動大眾傳播勢能

某公司想用借勢行銷的方法發表新品，但無「勢」可借，而新品發表時間在即，怎麼辦？可以運用「造勢行銷」。

**造勢行銷就是通過主動製造事件，引起廣泛關注，從而獲得傳播勢能。**

舉個例子。杜子健是知名的行銷人，他為了行銷自己做的酒，發了一條微博：「我有一壺酒，足以慰風塵。這兩句詩我特別喜歡，總想再續兩句，但恨才華不夠，求助網友了！幫忙補兩句吧，我送酒。最好的我就送拉菲（Lafite）。」我看到後，忍不住續了兩句：「我有一壺酒，足以慰風塵。蒼天請共飲，不做獨醉人。」

我得意地把這句話發了出去，但看到網友的回覆，立刻感受到了差距，他們是這麼寫的：

「我有一壺酒，足以慰風塵。盡情江海裡，贈飲天下人。」

「我有一壺酒，足以慰風塵。醉裡經年少，乍醒華髮生。」

最後，杜子健這條不到一百字的微博，留言超過三萬條，轉發超過十萬次，造出了巨大聲勢。

這就是造勢行銷，無勢可借時自己造勢。但造勢並不意味著大張旗鼓、投入重金。造勢行銷的核心是找到一個「支點」，然後用最小的力氣，撬動大眾的傳播勢能。造勢行銷有三個主要支點。

**第一個，新穎支點。**

對大眾來說新穎的東西，容易形成傳播勢能。

二〇一五年，在交通銀行的一些網點，一個叫「嬌嬌」的機器人正式上工了。用戶問她：「我們合個影可以嗎？」她會說：「來吧，我等著，一定要用美圖秀秀哦！」用戶問：「嬌嬌，我要存款五十萬。」她會說：「土豪，我願意和你做朋友。」這個智慧機器人非常新穎，開始廣為傳播。

很多人都把自己和嬌嬌互動的影片發到了朋友圈，並引發了「嬌嬌背後到底有沒有人類客服遠端回答」的熱烈討論。

**第二個，懸疑支點。**

好奇心是人類最大的求知動力。利用好奇心製造勢能，就要撬動懸疑支點。

某天，有位攝影師發了一條圖文微博：「在距離西寧開車三小時左右的戈壁上發現巨型怪圈！圓環和線條都十分規整且精確對稱，溝壑很深，目測有三～五公分。」

這條微博激起了九十六萬二千人的好奇心。一週後，鳳凰視頻發布微博：「其圖案不但是規則的圓形，其中還有複雜對稱的圖案，十分規則的巨型圖案不可能是人為短時間內製造。」

事情繼續發酵，引起了媒體和公眾的極大關注和猜測。在公眾好奇心被吸引到頂點時，寶馬公司站出來承認，這是三輛ＢＭＷ１系列汽車加上導航儀後，在精確控制下駕駛碾壓而成的圖形。這件事造出了巨大聲勢。

## 第三個，爭議支點。

行銷領域有「無爭議不行銷」的說法。針鋒相對又勢均力敵的爭議，很容易挑動大眾的關注並促使其選擇立場。

二〇〇〇年，耐吉拍了一支涉嫌種族歧視的奧運會廣告，引起全球爭議。雖然罵聲不斷，但耐吉成功搶了愛迪達的風頭。

後來，耐吉拍了一則田徑女選手遭電鋸殺手追殺的廣告，因為對女性的不尊重，同樣引發爭議，但依然聲名鵲起。

耐吉還曾經在美國的「全國警察週」，用百分之三十的折扣感謝聲名狼藉的美國警察，再次引發了公眾的嚴厲譴責，只好發表緊急道歉聲明。

每一次引發爭議和道歉，都在為耐吉的知名度推波助瀾。這種「試探性犯錯」就是「爭議行銷」。

大公司使用爭議行銷時，分寸十分難拿捏；而小公司常常用「第二名罵第一名」、「小公司單挑大公司」、「個人起訴大品牌」等方式，進行爭議行銷。

掌握關鍵

## 造勢行銷

重點是要找到一個「支點」，花最小的力氣來點燃大眾的傳播勢能。造勢行銷有三個主要支點：第一，新穎，新潮的事物容易形成傳播勢能。第二，懸疑，好奇心容易激發極高的關注度。第三，爭議，「無論是好新聞或壞新聞，只要能上版面就是好新聞」。

延伸思考

**職場 or 生活中，可聯想到的類似例子？**

## 第4章

# 媒體

**01　精準投放**－把廣告費花得愈來愈有效

**02　自有媒體**－沒錢宣傳怎麼辦

**03　無償媒體**－行銷預算怎麼花

**04　七次法則**－如何被消費者深深記住

01

啟動亮點

花錢買廣告卻達不到預期效果，你可能是沒有做到「精準投放」。

# 精準投放——

## 把廣告費花得愈來愈有效

前文提過一個非常重要的媒體概念：POE。P指的是Paid Media，即付費媒體，比如在報紙上登廣告；O指的是Owned Media，即自有媒體，比如企業微信公眾號；E指的是Earned Media，即無償媒體，指別人自發的傳播，比如微博裡的轉發。

這三種媒體都很重要，本文先介紹「付費媒體」。

為了獲得更多客戶，某婚紗攝影店的老闆決定在本地晚報上投放廣告。廣告投放後，確實帶來一些效果，但也花了不少錢。事實上，拍婚紗照的人大多二十幾歲，只占報紙讀者的百分之十不到。這個老闆很清楚，自己百分之九十的廣告費都白花了，可如果不投放廣告，生意就很慘淡，怎麼辦？

這位老闆的問題在於，他付了廣告費，但卻沒有「精準投放」。

什麼叫精準投放？舉個例子。殼牌（Shell）機油的主要用戶是卡車司機，如何精準投放廣告，才能觸達他們呢？殼牌請合作夥伴做了研究，發現：

一、百分之九十七的卡車司機在停車時會使用QQ類的產品；

二、使用最多的App是新聞類、行動社交類、天氣類和音樂播放類；

三、白天使用手機App的平均時長是六十九分鐘，在家休息時增加到一百三十八分鐘；

四、百分之四十一的卡車司機喜歡讀微信公眾號文章，尤其是汽車保養、天氣預報和交通路況之類的。

基於以上數據，殼牌決定了投放策略：

一、重點投放騰訊新聞客戶端、微信相關公眾號和QQ空間；

二、在中午十二點至下午兩點和晚間八點至十點司機休息時投放；

三、卡車司機非常勞累，廣告內容強化深度交心，傳遞關懷和敬意；

四、根據數據不斷調整優化投放節奏。

結果，殼牌的廣告投放大獲成功：單次點擊用戶數達到五十萬人，新品的關注者增加了百分之三十二以上，有效曝光量高達三千五百萬。

殼牌通過精準投放，把錢有節奏地花在刀口上，且只讓潛在客戶看到廣告，獲得了最大的投資報酬率。

有人也許會問：廣告投放難道不就應該這樣嗎？其實，以前不是這樣的，因為沒有數據，比如「我不知道到底誰在看我的報紙」。就算有數據，也只是小數據，比如「上海市民一年平均閱讀七本書」。基於這些小數據，女性用品在投放廣告時一定有百分之五十的錢被浪費，那位婚紗攝影店老闆在晚報上投放廣告一定有百分之九十的錢被浪費。

那為什麼現在可以做到精準投放呢？因為有了數據，尤其是精準到個人的數據。

A在iPhone X上市的三個月內就用它發過微博，說明這個人是追逐潮流的高消費人群；B一年內朋友圈的地址標籤出現了二十座以上的城市，說明這個人經常出差或旅行；C在大眾點評App上總是光顧特定的幾類餐館，說明這個人愛吃川菜和湘菜；D總是在京東App上買廚房用品和水果生鮮，說明這個人或許在管理家庭生活費。每個人在網路上都是一堆數據。

付費媒體界有句老話：我知道我的廣告費浪費了一半，但不知道是哪一半。如今，基於愈來愈精準的個人數據，商家終於知道該把廣告投放給誰，且只投放給誰了。

回到開篇的問題，婚紗攝影店的老闆具體應該怎麼做？

也許他無法像殼牌一樣請專業公司策劃，但可以選擇和支持精準投放的付費媒體合作，比如百度搜索、微信朋友圈或今日頭條等，然後用以下四種定向，不斷練習精準投放的正確方式：

**一、時間定向**：面對年輕白領，可以選擇早上七點至九點投放今日頭條，此時年輕人大多正在公車或捷運上滑新聞。

**二、地理定向**：面對南京市場，在微信朋友圈投放時只選擇南京用戶。

**三、興趣定向**：面對終身學習者，不妨和「羅輯思維」聊聊。

**四、行為定向**：面對商旅人士，在新浪微博裡選擇一個月內定位超過三座城市的人群。

其實，付費媒體並沒有消亡，只是投放得更精準了。只有不斷練習精準投放的方法，才能把廣告費花得愈來愈有效。

掌握關鍵

## 精準投放

隨著大數據（Big Data）應用愈來愈廣泛，現在要做到精準投放廣告（尤其是精準到個人的數據），已經不是難事。練習精準投放須掌握四個定向：時間定向、地理定向，興趣定向以及行為定向。

延伸思考

**職場 or 生活中，可聯想到的類似例子？**

## 02

啟動亮點

媒體是通往用戶的道路；付費媒體是通往用戶的高速公路。

# 自有媒體——沒錢宣傳怎麼辦

很多小型公司會面臨這樣的問題：宣傳產品時，就算付費媒體再精準，公司都沒錢投放，怎麼辦？

媒體是通往用戶的道路，而付費媒體是通往用戶的高速公路。走高速公路，當然要留下「買路錢」。但是，如果商家想走不付費的高速公路可以嗎？

答案是可以的。除了付費的高速公路之外，商家還可以選擇免費的國道、省道或鄉間小道。除了付費媒體之外，還可以選擇免費的自有媒體。

什麼是自有媒體？

舉個例子。逛超市時，你從一排排貨架間走過，有沒有想過每天有多少人會經過這些貨架？有多少人會看到貨架上的商品？這個人數可能遠比經過一塊戶外廣告招牌的人數多得多。

那麼，從這個角度看，擺放在貨架上的產品本身就是一種特殊的媒體。因為就算不產生實際交易，這些產品也可以像廣告一樣，不停地把資訊傳遞給潛在消費者。

國內外很多品牌都在研究，如何利用「擺放在貨架上的產品」這種完全屬於自己的、免費的媒體。研究發現，單獨的產品很難獲得注意，但如果把它們連成一片，其視覺效果將會非常引人注意。

比如高露潔（Colgate）牙膏，單獨一盒牙膏的設計很不錯，但如果把它們放在一起——整齊劃一，非常震撼！所以，高露潔牙膏的包裝設計，是為了形成「閱兵方陣式」的效果。全國那麼多超市、便利商店，幾乎每家店裡都有「高露潔方陣」，這是非常強大的媒體。

廚邦醬油為了形成「高露潔方陣」的效果煞費苦心，特意把品牌符號設計成圍裙上、桌布上常見的綠色格子。這種綠色格子使得「廚邦醬油方陣」看起來渾然一片，非常壯觀。

此外，腦白金也是一個典型的例子：在無邊無際的藍色中間，「腦白金」三個大字壓倒性地搶眼。

這就是自有媒體。**產品包裝本身是最重要的自有媒體。**

如果是線上銷售的商品，沒有貨架怎麼辦？可以在產品的快遞盒上做廣告，這樣一來，快遞員的後車架就成了商家的自有媒體。

如果是做服務的，不需要快遞呢？那就把公司的 logo（商標）穿在身上吧。熊貓傳媒的創始人申晨，幾乎每次演講時都把公司 logo 穿在身上。他還常常自嘲：「我長得胖，廣告面積都比別人大。」站在幾十、幾百人面前，他就是公司的自有媒體。

沒有演講機會呢？如果你經常出差，就在行李箱上噴塗產品吧；如果你經常發朋友圈，就在名字後面加上品牌吧；如果你長得漂亮，每次都在自拍照右下角加上浮水印吧；如果你能寫文章，在微信、微博、百度百家、今日頭條、網易、搜狐、簡書……一切能想到的流量平臺上申請自己的帳號吧。這些都可能成為你愈來愈有價值的自有媒體。

相對於付費媒體，自有媒體是自己擁有的、通往用戶的道路。自有媒體是免費的，但如果善加利用，可能比付費媒體更有價值。

**掌握關鍵**

## 自有媒體

沒有預算購買宣傳廣告怎麼辦？試試自有媒體。你的產品包裝本身，就是最重要的自有媒體，它是你自己擁有的、通往用戶的道路，而且免費。自有媒體運用得好，可能還比付費媒體來得更有效益。

**延伸思考**

**職場 or 生活中，可聯想到的類似例子？**

03

# 無償媒體——行銷預算怎麼花

**啟動亮點**

**因為有了轉發機制，用戶在社交無償媒體上不但是受眾，同時也是媒體。**

某公益機構做宣傳，想利用付費媒體卻沒有錢，想利用自有媒體又沒影響力，怎麼辦？要解決這個問題，首先要理解「無償媒體」。

什麼叫無償媒體？舉個例子。二〇一七年六月，一個小男孩走失了，家長把走失訊息發布在了「公安部兒童失蹤信息緊急發布平臺」的微博上。這個舉動看起來很正常，唯一不同尋常的是，家長發微博時用了一張小朋友穿著比基尼的照片。

穿比基尼的小男生？新浪微博沸騰了。網友們紛紛留言並轉發，有的說：「這樣還怎麼讓我認真看圖找孩子！」有的說：「孩子回來吧，回來就能把照片刪掉了！」有的說：「曾夢想仗劍走天涯，因女裝照被親爹媽曝光而取消原計畫。」有的說：「如果這對父母真的是為了讓更多人轉發，我應該說他們很機智嗎？」……

如果小男孩的父母確實是有意為之，那他們真的很機智，因為這條微博很快就獲得了一萬條評論和三萬次轉發。這意味著有三萬人做出了決定，把自己的粉絲免費送給了走失男孩的父母。這些媒體不是買來的，而是贏得的。

在傳統付費媒體上，用戶是受眾。但是在社交無償媒體上，用戶不但是受眾，同時也是媒體——因為有了轉發機制。這些媒體無須用錢購買，但可以也只能用內容贏得。

簡單來說，付費媒體是用錢觸達第一層用戶，無償媒體是用內容觸達第二層、第三層，甚至更多層的用戶。

怎樣才能用好無償媒體，比如微博和微信朋友圈呢？答案是：做好內容。唯一能打穿多層用戶的就是內容。

創作無償媒體內容有三個注意事項。

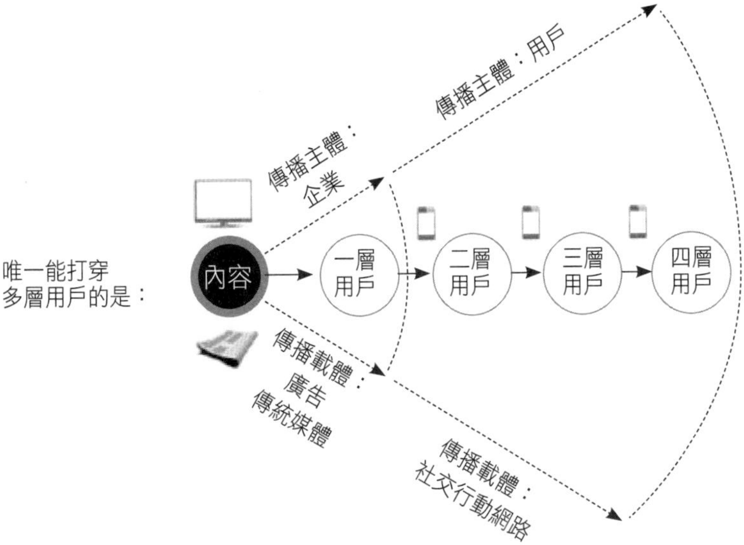


**第一個，提高成就。**

微信在三．○時代發布了第一款免費遊戲：飛機大戰。這款遊戲非常簡單，但紅得一塌糊塗，因為它設計了一個排行榜。一個人玩了一把飛機大戰後，一看排行榜——某人竟然打得比我好！於是又玩了幾把，等到分數終於超過那個人之後，截個圖發到朋友圈去。

炫耀、攀比都是人的本性，通過激發對「比較優勢」的追求，能提高人們的成就感，從而贏得其媒體。

**第二個，降低成本。**

二○一六年六月，一張「以假

亂真」的高考準考證刷爆了朋友圈。其實，這是一個程序，用戶只要輸入姓名、性別和學校名稱，就能生成一張逼真的準考證，發到朋友圈。

我採訪了這個活動的策劃者，他說：「這張看似隨意的準考證，我們拍了幾十張，就是為了讓左手拇指很自然地捏住證件照的位置——因為如果讓用戶上傳照片，操作成本太高；萬一找不到好看的照片，用戶可能就會放棄。」降低用戶的操作成本，才能贏得更多媒體。

**第三個，過濾人群。**

網上常常出現《不轉不是人》之類的爆紅文章。我甚至還在一些群裡看到過這樣的消息：「馬化騰的女兒馬佳佳明天過生日，轉發此條信息可以得到五十個Q幣，我收到了，你趕緊試一下吧！」

每當看到此類消息，我都驚嘆：怎麼會有人信這些東西？

但事實是，有些網民由於認知能力所限，沒有足夠的判斷力。如果定位的人群不是這類人，就要避免使用這樣的「毒句」，因為這些詞句會把真正的用戶過濾掉。

## 掌握關鍵

### 無償媒體

付費媒體是用錢觸及第一層用戶，無償媒體是用內容觸及第二層、第三層，甚至更多層的用戶，而唯一能打穿多層用戶的就是內容。創作無償媒體的內容有三點注意事項：第一，提高成就；第二，降低成本；第三，過濾人群。

## 延伸思考

**職場 or 生活中，可聯想到的類似例子？**

04

# 七次法則——如何被消費者深深記住

啟動亮點

影響用戶的不是一見如故，而是日久生情。

某化妝品公司推出了一款新品，策劃了一篇基於無償媒體的走心*文案。這篇文章大獲成功，讀者們深受感動並紛紛轉發。可一週後，這篇文章再也無人提及，產品銷售表現平平。老闆很困惑，這是為什麼？

用戶接受新事物時，心中有一個接觸次數的「臨界值」——就算第一次接觸再有創意，但如果次數不夠，用戶也很難在心中爲其留下位置。

所以，影響用戶的不是一見如故，而是日久生情。化妝品公司的問題在於，它影響用戶的次數沒有突破臨界值。

那到底影響多少次，才能突破臨界值呢？這個臨界值，當然因人而異。但如果必須要有個指導數字的話，行銷界通常認為，七次比較合理。這就是著名的「七次法則」。具體來說，可以用下面幾句話總結：

一、影響用戶一次，幾乎沒有任何價值；

二、第二次影響，才會有一些效果；

三、一段時間內，連續影響用戶三次，才能達到預期效果；

四、七次是影響用戶的最佳頻率，也就是臨界值；

五、超過最佳頻率，影響的效果和性價比都開始下降。

有人或許會疑惑：為什麼一定要影響七次？一次聲勢浩大、三百六十度無死角、地毯式的影響，就真的不行嗎？可能真不行。

舉個例子。男士如何追到女朋友？第一次見面，第二次吃飯，第三次再吃飯，第四次再吃飯，第五次再吃飯，第六次再吃飯，第七次表白。讀到這裡，有些人可能會覺得太麻煩了——第一天見面就把七頓飯一次

＊走心，此處指貼近人心。

請掉，然後直接表白可以嗎？當然不行。男士也許可以加快突破臨界值的「速度」，但無法減少衝擊臨界值的「次數」。

那麼，商業世界裡的商家該怎麼辦？可以考慮同時使用多種媒體，全面影響。用戶坐捷運時滑朋友圈，被走心文案感動得熱淚盈眶；用戶含淚走出捷運，看到文案中的金句出現在燈箱廣告中，再次被觸動；到了辦公室，電梯裡的框架廣告提醒用戶，關注微信公眾號就能知道主人翁結局；中午休息時，用戶收到公眾號推送，回答兩個問題，就能免費試用主人翁同款產品……

這一套「組合拳」密集地打過去，終於在某一拳擊破了用戶的臨界值，從此在用戶心中占據一席之地。

七次法則的核心不是具體影響七次或者八次，而是重複的力量。正如戰略行銷專家「華與華兄弟」所說：「宣傳的本質在於重複，受眾的本質在於遺忘。」

那麼，七次法則還能解決哪些商業世界的問題？

7－11是全球知名的連鎖便利商店。早期創業時，創始人曾面臨一個選擇：到底是先在全國一百座城市各開一家店，還是先在同一座城市密集地開一百家店？7－11最後選擇了「同城密集開店」的策略。因為密集開店除了能優化供應鏈之外，還有一個好處——突破臨界值。用戶在這裡看到一家店，又在那裡看到一家店，當看到第七家、第八家……第十家店的時候，終於接受了這個品牌。等到7－11真正開到用戶家門口的時候，他們會覺得：老朋友終於來了。

假設你是面對企業的大客戶銷售人員。第一次和客戶見面時，千萬不要假裝一見如故，使勁銷售自己、銷售產品。第一次見面的目的，是創造第二次見面的機會；第二次見面的目的，是創造第三次見面的機會。從第四次見面開始談產品，會有更大的成功機率。

掌握關鍵

## 七次法則

影響用戶一次，幾乎沒有任何價值；一段時間內，連續影響用戶三次，才能達到預期效果；七次是影響用戶的最佳頻率，也就是臨界值；超過最佳頻率，影響的效果和性價比都開始下降。

延伸思考

**職場or生活中，可聯想到的類似例子？**

第5章

# 品牌

01　**品牌容器**－你的產品有品牌嗎？

02　**1-3-2心法**－把你的商標變成品牌

03　**定位理論**－占領市場之前，占領心智

04　**獨特賣點**－從產品出發提升銷量

05　**品牌符號**－讓消費者記住並傳播

06　**STP理論**－為特定用戶提供差異化服務

07　**品牌故事**－用好故事為品牌增值

01

啟動亮點

不被消費者優先選擇的，不叫品牌，叫商標。

# 品牌容器——

## 你的產品有品牌嗎？

一位朋友聽完《5分鐘商學院》裡講的「交易成本」的概念後，對我說：「真是太有道理了！我公司產品的交易成本就非常高。我的產品非常好，各項指標都是業內第一，但是客戶從搜尋、瞭解、信任到最後購買的交易成本非常高。潤總，你說怎麼辦好呢？」

我說：「你的客戶之所以要付出這麼高的交易成本，是因為對你的產品不瞭解、不信任、不偏好。所以，他必須花大力氣在很多產品中比較，交易成本當然很高。想要降低交易成本，就要把『瞭解、信任、偏好』

從你的產品中提取出來，裝到一個容器裡。這個容器愈滿，你的客戶就愈會毫不猶豫地購買你的商品，交易成本就會大大下降。這個容器叫作『品牌』。」

什麼是品牌？

品牌的英文是brand，古挪威文的意思是「烙印」。古代人用烙印的方式來標記家畜等私有財產。到了中世紀，歐洲手工藝者用這種方法在自己的作品上烙印標記以便識別，於是就有了「品牌」。如果產品好，用戶就會把他的喜愛，積累在這個烙印的標誌上，省去「搜尋、瞭解、信任」的過程，直接購買。對這個手工藝者來說，就節省了交易成本。

舉個例子。你去逛家電賣場，看中一臺海爾的冰箱，耗電量、容量、大小都符合你的要求，價格二千元。你剛要買，一個售貨員衝過來：「千萬別買，海爾的冰箱都是我們代工的。我推薦你買這臺，耗電量、容量、大小，甚至材質，完全一樣。我們只賣一千五百元，買我的吧。」

你會買哪一臺？

我會買海爾的。為什麼？因為，售貨員說兩款一樣就真的一樣嗎？

為了判斷它倆是不是真的一樣，我需要花很多時間去瞭解，然後基於瞭解產生信任，基於信任產生偏好。這個過程，就是我買那臺沒有品牌的冰箱的交易成本，估計花費的金錢、時間，八百元都不只。而海爾通過這麼多年的營運，把「瞭解、信任、偏好」都裝進了這個叫「海爾」的品牌容器裡。我看到這兩個字就直接產生「偏好」，雖然貴了五百元，但是相對於無牌廠家的八百元交易成本，還是便宜的。

所以，什麼是品牌？品牌是一個容器，一個裝載消費者「瞭解、信任、偏好」的容器。從瞭解、信任到偏好的成本愈低，這個容器的價值就愈大。不能被消費者優先選擇的不叫品牌，叫商標。

那麼，怎麼才能建立品牌容器，並降低交易成本呢？有三種方法。

**第一種，從你的產品中抽取一種叫作「品類」的特殊價值，裝進品牌容器。**

品類指的是，你做的產品和別人的不是一類。你解決的是也許很細分但是很獨特的需求。你希望你的客戶在這個細分的品類選擇上，因為對你的瞭解而愈來愈信任，最後產生偏好。比如「怕上火，就喝王老吉」。

飲料有無數種，但是王老吉創立了一個品類，然後通過廣告、行銷、贊助綜藝節目等方式，不斷往這個容器裡注入品類價值，讓消費者最終產生偏好。傑克·屈特（Jack Trout）和艾爾·賴茲（Al Ries）甚至根據品類價值，提出了著名的「定位理論」（Positioning）。

### 第二種，往品牌容器裡注入「品位」價值。

品位價值比較感性。有些人特別喜歡一個品牌是因為它的品牌故事，比如香奈兒（Chanel）的創始人香奈兒女士的才華、戀情和女權思想一直被人們津津樂道。也有人喜歡的是品牌背後的設計模式，比如路易·威登（Louis Vuitton）包款經典耐看的圖案，古馳（GUCCI）時裝的性感奢華。還有人喜歡品牌帶來的同伴認可，比如戴上萬國錶（IWC）會讓朋友們覺得他很有品位。品位價值，甚至產生了「范伯倫效應」：不買最好，只買最貴。

### 第三種，往品牌容器裡注入「品質」價值。

二十世紀八〇年代初，日本經濟增長處於停滯狀態，無印良品在一九八三年應運而生。無印良品的口號是「物有所值」，強調「品質」

價值。它的產品拿掉了商標，包裝設計非常簡潔，去掉了一切不必要的加工和顏色，降低了成本和價格，強調「去品牌溢價」。僅突出品質的無印良品，今天反而因此成為著名品牌。而海爾，顯然，它的「品牌容器」裡，裝得滿滿的都是品質價值。

掌握關鍵

## 品牌容器

品牌是一個容器，承載著消費者的「瞭解、信任、偏好」。建設品牌，努力是必需的。但在努力之前，首先要想清楚打算往品牌容器裡注入什麼：是品類價值，「我和別人不一樣」；是品位價值，「我比別人更顯高檔」；還是品質價值，「我的質量最好」。

延伸思考

**職場or生活中，可聯想到的類似例子？**

02

啟動亮點

產品貼上商標，並不等於有了品牌。

# 1－3－2心法——把你的商標變成品牌

假設你是一個OEM（original equipment manufacturer，原始設備製造商），幫別人代工生產皮鞋，結果發現自己辛辛苦苦生產的鞋子，別人貼個商標就能多賣兩百元。於是你也註冊了一個商標，結果根本沒人買。為什麼？因為別人貼的是品牌，而你註冊的只是一個商標。產品貼上商標，並不等於有了品牌。

什麼是品牌？

前文提過「品牌容器」，說明了品牌的基礎概念：品牌是一個容器，通過承載消費者的「瞭解、信任、偏好」而被優先選擇。新註冊的商標是一個新容器，裡面空空如也，消費者當然不會優先選擇。

如何才能建設品牌，被消費者優先選擇呢？首先要理解建設品牌的「1－3－2心法」：花一元建設品牌，省三元交易成本，拿兩元品牌溢價。

什麼意思？簡單來說，就是因為品牌建設，消費者花的錢少了，商家賺的錢多了。有的人可能會覺得：這太顛覆認知了，品牌的同義詞不就是「讓消費者多花錢」嗎？其實並不是。如果帶著這個認知，商家是做不好品牌建設的。

我們回到開篇的案例，來理解一下「1－3－2心法」。

你生產的鞋是用牛皮做的，別人賣一千元，你賣八百元。你覺得自己不賺那二百元的「品牌溢價」，應該會顧客盈門。可是消費者來到店裡，第一句就問：「這真是牛皮嗎？」你說：「是的。」他看了看你，不信。十個人拿起來，九個人放下了。於是，你找到一家權威檢測機構，抽檢了皮鞋，然後把證書貼在每家店的牆上。但鞋子的成本也因此增加了一百元，售價從八百元提高到九百元。

消費者再來，還是問：「這真是牛皮嗎？」你說：「是的，這是抽檢合格證書。」他依然將信將疑——抽檢的那雙是牛皮，不代表這雙也是牛皮。結果，十個人拿起來，七個人放下了。你再次聯繫檢測機構，請他們檢測每一雙皮鞋，然後全都掛上「牛皮」的標誌。鞋子因此又貴了二百元，售價從九百元提高到一千一百元。

消費者再來，看到每雙鞋都有合格證，終於放心了。但一看價格——這雙鞋大品牌只賣一千元，你居然賣一千一百元？十個人拿起來，十個人都放下了。為什麼會這樣？

交易是有成本的。你花三百元貼個標籤，以獲得消費者信任，這就是交易成本；而大品牌花一百元建設品牌，也是為了獲得信任。但是，品牌的信任建立在「重複賽局」（repeated games）的關係之上，效率更高：我騙你一次，以後大家都不來買我的產品了。

所以，你花了三百元作為交易成本，而建設品牌只用一百元，品牌商當然可以收取二百元的品牌溢價。消費者因此少花一百元，品牌商還多賺了一百元。這就是「1－3－2心法」。

理解了「1－3－2心法」，你就會明白：品牌是所有產品的最終歸宿。品牌大師沃利・奧林斯（Wally Olins）說過：「即便無印良品沒有品牌，你也不能否認它依然是一個品牌。」

那麼，應該怎樣建設品牌？主要有三個步驟。

**第一步，創建品牌標識。**

建設品牌的第一步是讓別人知道你。知道是瞭解的前提，瞭解是信任的前提，信任是偏好的前提。

**第二步，建立品牌內涵。**

品牌一定要有差異化的內涵，就像用戶想起賓士就想到舒適，想起寶馬就想到操控感，想起富豪（Volvo）就想到安全等等。

**第三步，建立品牌反應和品牌共鳴。**

你希望用戶信任你還是喜歡你？你的品牌是代表消費者喊出個性，還是給消費者帶去寧靜？商家需要基於自身的品牌價值，為用戶講好故事。

以上三個步驟的具體做法，後面的文章將一一介紹。

掌握關鍵

## 1－3－2心法

品牌是所有產品的最終歸宿，而品牌的信任建立在「重複賽局」的關係之上。運用「1－3－2心法」建設品牌，好讓你的產品被消費者優先選擇。建設品牌主要有三個步驟：一、創建品牌標識；二、建立品牌內涵；三、建立品牌反應和品牌共鳴。

延伸思考

**職場or生活中，可聯想到的類似例子？**

## 03

# 定位理論——占領市場之前，占領心智

**啟動亮點**

**想讓消費者只買你的產品，你要找到尚未被滿足的痛點，據此建立新品類，用最簡單的資訊不斷攻占消費者心智，和第二名一起穩固品類，把餅做大。**

如果說商業是一場戰爭，通路就是地面部隊，它的最高任務是堵門：用最優性價比在一場又一場巷戰中，搶占所有與消費者之間的觸點。而行銷就是空中部隊，它的最高任務是洗腦：利用「敵軍節節敗退，我軍又下一城」的炮彈，全面攻占消費者大腦，寫入「只能買我」四個字。

想瞭解行銷，我們必須從全球最著名的行銷策略「定位」開始。什麼叫定位？我們先來看一個問題。全球最高的山峰是哪一座？大部分人都知道是聖母峰。第二高峰呢？估計很多人就不知道了，是喬戈里峰。第三高峰呢？可能很多人聽都沒聽過，是干城章嘉峰。

雖然有人能一口氣報出全球排名前十的高山，但是大多數人只能記住第一名，最多第二名。這種情況，是由人類的心智模式決定的。不僅生活中如此，商業上也一樣。

英文中，商家在市場中占據的份額叫作市場占有率（market share），事物在大腦中占據的份額叫作心占率（mind share）。顯然，占據大腦份額第一名的，就是個人心中的「品類第一」，商家必然會獲得巨額收益。

那麼，怎樣才能成為「品類第一」呢？畢竟，每個行業都只有一個第一。傑克．屈特說，如果你不能成為這個品類的第一，那你不能去開創個新品類嗎？

比如，二〇一五年，我和十幾位朋友一起去攀登了非洲第一高峰——吉力馬札羅山，海拔五千八百九十五公尺。吉力馬札羅山雖然是非洲第一高峰，但是它的海拔高度放在聖母峰面前，簡直就是「找虐」*。那怎麼辦呢？聰明的非洲人在登山界開創了一個品類，叫作「人類徒步可登頂的高山」，意思是說吉力馬札羅山是地球上人類可徒步登頂的最高峰。

因為其他山再高，都要借助纜繩、懸梯、冰斧才能登頂。靠雙腳就能走上去的，吉力馬札羅山是全球最高的。這就一下子給吉力馬札羅山帶來了極大的話題性，吸引了如雲的徒步挑戰者。

不能成為品類第一，就創造一個新品類。屈特在一九七二年提出了這個理念，並稱之為「定位」。二〇〇一年，屈特的定位理論力壓著名行銷大師菲利普．科特勒（Philip Kotler）和著名戰略大師麥可．波特（Michael E. Porter）的研究成果，被美國行銷協會評為「有史以來對美國行銷影響最大的觀念」。

當然，定位理論沒少被質疑過。我個人覺得，大部分質疑都是無意或者有意曲解了定位理論，然後再來批評這個假想敵。

定位理論有效的基礎，是消費者的五大心智模式：第一，消費者只能接收有限的資訊；第二，消費者喜歡簡單，討厭複雜；第三，消費者

*自不量力、自找罪受的意思。

缺乏安全感；第四，消費者對品牌的印象不會輕易改變；第五，消費者的心智容易失去焦點。

那應該怎麼基於對消費者心智的理解，利用定位理論獲得行銷上的成功呢？在這裡給大家四個建議。

**第一個，從消費者的心智出發，不要從產品出發。**如果你是做化妝品的，還有什麼用戶需求是競爭對手未能滿足的？比如補水，讓肌膚一天喝八杯水。如果你是做餐飲的，消費者怕油、怕鹽怎麼辦？那麼，蒸的才是健康的。關注消費者的「買點」，而不是產品的「賣點」。

**第二個，基於這個沒有被滿足的需求，或者說痛點，創立一個乾淨的品類。**比如，降火涼茶。把這個品類先打掃乾淨，然後開始與自己作戰，不斷樹立自己可以代表這個品類的消費者認知。

**第三個，占領消費者認知的武器——資訊，要極度簡單。**消費者只能接受有限資訊；消費者喜歡簡單，討厭複雜。比如，「怕上火，就喝王老吉」、「今年過節不收禮，收禮只收腦白金」、「恒源祥，羊羊羊」。優點太多，消費者反而記不住。

**第四個，要歡迎競爭。**雖然是你創立了這個品類，但是消費者心中其實留了兩把椅子。比如團購品類：大眾點評和美團*；電商品類：天貓和京東；旅行網站：攜程和去哪兒。更不要說可口可樂和百事可樂，寶僑和聯合利華，賓士和寶馬。有個對手，品類才成立，而且會共同教育市場，把餅做大。

定位是一直飽受爭議但你不能不知道的一種行銷策略。它的方法是商家在消費者心中建立一個新品類，然後成為這個品類的第一。具體怎麼做呢？有四個步驟。第一步，找到未被滿足的痛點；第二步，據此建立新品類；第三步，用最簡單的資訊不斷攻占消費者心智；第四步，和第二名一起夯實品類，把餅做大。從本質上看，定位是一種基於消費者心智的差異化競爭策略。

*美團，原名美團網，和大眾點評網合併後改名為美團點評。

掌握關鍵

## 定位理論

定位理論立基於消費者的五大心智模式：第一，消費者只能接收有限資訊；第二，消費者討厭複雜；第三，消費者缺乏安全感；第四，消費者不會輕易改變對品牌的印象；第五，消費者的心智容易失去焦點。

延伸思考

**職場or生活中，可聯想到的類似例子？**

04

**啟動亮點**

企業可以向消費者提出一種主張，讓他們意識到產品帶來的好處；這個好處要獨特，要非常有說服力，能讓消費者立刻成為企業的客戶。

# 獨特賣點——從產品出發提升銷量

定位理論被評為「有史以來對美國行銷影響最大的觀念」，是產品和行銷統一的方法論。但是，如果產品已經有了，短時間內沒法修改，有什麼辦法可以把它賣得更好呢？

可以用「定位」的親兄弟：USP理論（unique selling proposition），即「獨特賣點」（或譯「獨特銷售主張」）。定位是從用戶出發的，獨特賣點是從產品出發的。

舉個例子。一九九五年，感冒藥的市場競爭激烈，康泰克、麗珠、

999等品牌雄踞市場。這時，有一家叫蓋天力、實力並不雄厚的藥廠，也做了一款感冒藥。但它想在感冒藥這個用戶的「心智階梯」裡爬到第一、第二，比登天還難。怎麼辦？

蓋天力苦苦尋找，終於找到了一個獨特的賣點：白加黑。它的做法其實很簡單，把感冒藥分為白片和黑片，並把有可能導致人昏昏欲睡的鎮靜藥右氯敏（Polaramine）只加在黑片中，其他什麼也沒改變。

但是，這個看似很簡單的動作，卻給蓋天力找到了一個非常獨特的賣點：白天服白片，不瞌睡；晚上服黑片，睡得香。他們把這個賣點提煉成一句精煉的廣告語：治療感冒，黑白分明。

結果，整個感冒藥市場被震撼了。「白加黑」上市半年就突破了一億六千萬元的銷售額，強行占領了百分之十五的市占率，獲得行業第二的地位。這一現象在中國行銷傳播史上堪稱奇蹟，又被稱為：白加黑震撼。

面對同樣的市場，「白加黑」在消費者心中與其他感冒藥幾乎有著同樣的定位，但是因為找到了一個獨特的銷售主張，「白加黑」獲得了巨大的成功。

獨特賣點，是二十世紀五〇年代美國達彼思（Ted Bates）廣告公司董事長羅瑟．瑞夫斯（Rosser Reeves）提出來的。廣告公司的主要職責是把廣告主的產品賣得盡量好——無論產品好壞。它並不能要求廣告主重新定位產品，所以只能在確定的產品中發掘獨特賣點。

在瑞夫斯看來，一個獨特賣點必須具備三個突出特徵：

第一個，這個主張不應該是「買我們的吧」，不應該是自吹自擂，說自己最好，競爭對手最差。商家必須向消費者提出一種主張，讓消費者意識到產品給他們帶來的真正好處。

第二個，這個主張必須是競爭對手還沒有提出來的，或者無法提出來的。也就是說，它必須獨特。

第三個，這個主張必須有巨大的說服力，能夠讓消費者立刻採取行動，成為你的客戶。

用一句話來總結，找到獨特賣點，就是從產品裡找到一個有巨大說服力的、競爭對手不具備的，對消費者的好處。

怎麼應用？著名的M&M牌巧克力的獨特賣點充分體現在那句著名的廣告語中：只溶你口，不溶你手。美味，但是因為有糖衣，所以不易融化。超豪華汽車品牌勞斯萊斯的廣告語是：在時速九十六公里的勞斯萊斯汽車中，最大的噪音來自電子鐘。他們的獨特銷售主張是：汽車引擎高速運轉時，車內還很安靜。

在中國的商業界，有幾家公司的獨特賣點堪稱經典案例。

比如，在叫車軟體領域，面對滴滴出行和優步（Uber）這樣的巨頭，神州專車脫穎而出的機會非常小。神州專車和滴滴出行、Uber最大的差別，也就是獨特之處在於，神州專車的車是神州公司的，司機是神州公司的員工，可以把它理解為直營。而滴滴出行、Uber，是由無數司機帶車加盟的。帶車加盟有個好處，就是閒置私家車的使用效率提升，但也給管理造成了很大的麻煩。於是，神州專車找到了自己的「獨特賣點」——安全。它通過一系列的廣告，強調「安全」這個有巨大說服力的、競爭對手不具備的，對消費者的好處，獲得了很高的認知度。

再比如說，在競爭已經白熱化的智慧手機市場，國際上有蘋果、三星，中國有小米、華為，突然殺出來一匹黑馬 **OPPO**。它的迅速竄紅有很多原因，比如在三四線城市的通路策略，但離不開它那句幾乎人人都知道的廣告語：充電五分鐘，通話兩小時。「待機時間長」是 **OPPO** 的獨特賣點，是它「有巨大說服力的、競爭對手不具備的，對消費者的好處」。

其實，《5分鐘商學院》也是如此。如何在眾多的免費的、收費的知識產品中脫穎而出？一張龐大恢宏卻環環相扣的課表，加上我硬逼自己，每天都要在五分鐘內講完一節課，讓學員用最少的時間獲得最系統的知識，就是《5分鐘商學院》有巨大說服力的、競爭對手不具備的，對消費者的好處。

掌握關鍵

# 獨特賣點

獨特賣點有別於定位理論，是從既有產品中找到賣點的方法。獨特賣點要具備三大特徵：一、不是老王賣瓜，自吹自擂。二、必須獨特。三、必須極具說服力，立刻擄獲消費者。如何找賣點？記住三點：一、有巨大說服力的；二、競爭對手不具備的；三、對消費者的好處。

延伸思考

**職場 or 生活中，可聯想到的類似例子？**

05

# 品牌符號——讓消費者記住並傳播

啟動亮點

好的品牌符號，要方便記憶、容易傳播。

二〇一七年，有一家公司火了，一夜之間刷爆朋友圈，因為它取了一個很長的名字，叫作「寶雞有一群懷揣著夢想的少年相信在牛大叔的帶領下會創造生命的奇蹟網絡科技有限公司」。很多人也想效仿起一個類似的名字，獲得大量關注。可是，很少有人在聽過這個名字後，能把它準確地複述一遍。人們能記住的，還是像蘋果、娃哈哈、可口可樂這樣簡單的名字。

那麼，到底應該怎樣給品牌命名？

中國著名戰略行銷公司華與華提出的品牌符號理論認為：建立品牌就是建立一個符號，好的品牌符號能讓消費者識別產品，濃縮價值，讓消費者購買並推薦產品。這個符號可以是一個詞語，可以是一個圖形，也可以是一個聲音。好的品牌符號，要方便記憶、容易傳播。

什麼是好的品牌符號？什麼不是呢？

華杉、華楠在《超級符號就是超級創意》這本書裡舉了一個生動的例子。「西郊莊園」和「蘭喬聖菲」是兩個別墅的名稱，其中，西郊莊園就是好的符號，一說就明白；蘭喬聖菲就不是，因為沒有半分鐘估計講不清楚到底是哪四個字，不方便記憶，不容易傳播。花錢做一個彆扭的品牌符號，再花更多錢去解釋它，這是典型的浪費。

怎樣才能設計出好的品牌符號？「華與華兄弟」總結了構建品牌符號的五大路徑。

**第一，視覺符號。**

「三精口服液，藍瓶的」——藍瓶，就是三精口服液的視覺符號。消費者一看到藍瓶，就想起三精；一想起三精，也會想起藍瓶。

在運動服上看到三條斜槓，就會使人想到愛迪達。三條斜槓，就是愛迪達的視覺符號。

此外，還有高露潔冰爽牙膏裡的冰爽亮片，汰漬（Tide）濃縮洗衣粉裡的藍色活性顆粒，都是視覺符號，讓消費者充分識別、記住、傳播。

要讓設計視覺符號容易被記住，就不能賦予它太多內涵，比如「蒹葭」——消費者在購買商品時，並沒有畫外音為其腦補「蒹葭蒼蒼，白露為霜」的詩句。

**第二，聽覺符號。**

小米手機的默認鈴聲一直沒換過，蘋果、華為、諾基亞也都有各自捨不得換的默認鈴聲，這就是聽覺符號。小米有幾億用戶，手機鈴聲在每個角落的每次響起，都在提醒大家：這個人在用小米手機。

類似的還有英特爾（Intel）廣告裡的「燈！等燈等燈！」，拍照時大聲喊「田七」，都令人印象深刻。

口語化的宣傳口號也有聽覺符號屬性。比如「人頭馬一開，好運自然來」、「西貝莜麵村，閉著眼睛點，道道都好吃」，都是可以脫口而出的語句。

**第三，嗅覺、味覺和觸覺符號。**

嗅覺、味覺、觸覺符號的使用雖不如視覺和聽覺符號廣泛，但也隨處可見。

比如，高級酒店基本都有專門的香氣設計，一推門馨香撲鼻；百貨商場的化妝品區讓人心曠神怡；而星巴克咖啡則滿屋飄香。這些都是品牌的嗅覺符號。

比如，康師傅紅燒牛肉麵的「就是這個味兒」，讓人難以忘記；在國外打開一瓶老乾媽，那熟悉的味道無可替代。這些都是品牌的味覺符號。

再比如，摸上去像棉布的紙巾、冰涼絲滑的愛馬仕絲巾、柔軟溫暖的鄂爾多斯羊毛衫……都是品牌的觸覺符號。

品牌符號可以是一個詞語，可以是一個圖形，也可以是一個聲音。品牌符號的目的不是感動自己，而是讓用戶方便記住、容易傳播。視覺、聽覺、嗅覺、味覺、觸覺都可以搭載品牌符號，但要記住，只能給用戶一個「最小的記憶包」，來降低行銷成本。

掌握關鍵

## 品牌符號

好的品牌符號能讓消費者識別產品，濃縮價值，促使消費者購買並推薦產品。構建品牌符號有五大路徑：視覺、聽覺、嗅覺、味覺、觸覺。記住，建立品牌符號的目的不是感動自己，而是讓用戶容易記住、容易傳播。

延伸思考

**職場 or 生活中，可聯想到的類似例子？**

06

啟動亮點

**有時候，人們會把手段當成目的，繼而偏離真正的目的。**

# STP理論——為特定用戶提供差異化服務

某人在一家靠近高鐵站和辦公室的高檔酒店做大廳吧經理。為了提高業績，他向顧客推薦高檔紅酒，可顧客並不買帳。於是，他推出促銷活動，但顧客只在促銷時喝兩杯，促銷一結束就不買了。

這位經理的目的真的是賣好紅酒嗎？其實不是。賣紅酒只是他自己想出的提高業績的手段。有時候，人們會把手段當成目的，從而偏離真正的目的。他真正的目的應該是提高大廳吧的業績。如何實現這個目的？接下來，我們用著名的「STP理論」抽絲剝繭地解決這個問題。

什麼是STP理論？STP理論是美國著名行銷學家菲利普．科特勒對戰略行銷和品牌定位的巨大貢獻，這三個字母分別是segmentation（細分）、targeting（目標）和positioning（定位）的縮寫。STP理論**的核心，是通過把用戶細分、定客群目標和差異化定位的方法，讓自己的產品脫穎而出。**

舉個例子。二十世紀六〇年代末，美樂啤酒（Miller）的市占率只有百分之八，與百威（Budweiser）、藍帶（Pabst Blue Ribbon）等相差很遠。美樂想提升業績，於是嘗試運用STP理論。

首先，把用戶細分。美樂做了市場調查，發現啤酒用戶可細分為輕度飲用者和重度飲用者。輕度飲用者人數很多，但其飲用量只有重度飲用者的百分之十二．五。

然後，定客群目標。美樂決定把客群目標定為重度飲用者。通過繼續研究發現，重度飲用者大多是藍領、愛看電視、愛好體育運動的人群。

最後，差異化定位。美樂決定，將其子品牌「海雷夫」（High Life）重新定位為「敞開來喝」的啤酒，重點宣傳「你有多少時間，我們就有多少啤酒」，在廣告中鼓勵藍領、船夫、鑽井工人等開懷暢飲。

結果，海雷夫獲得了巨大成功。一九七八年，它的銷量僅次於百威，位列全美第二。

類似的例子還有很多。一個賣工具的德國商人也在苦苦思考如何提高業績，便用STP理論分析了市場。首先，把用戶細分：買工具的人，可以細分為左撇子和右撇子。然後，定客群目標：德國有百分之十一的人是左撇子，專門服務他們。最後，差異化定位：開一間左撇子工具公司。結果，他的「左撇子工具公司」生意非常興隆。

那麼，酒店的大廳吧經理應該怎麼辦？

**第一步，把用戶細分。**

他可以根據消費行為的差異，把大廳吧的用戶細分為三類：入住酒店的商旅客人，高鐵站的來往過客和辦公室裡的公司客戶。

**第二步，定客群目標。**

商旅客人白天出門、晚上回來，把大廳吧當「客廳」；來往過客短暫停留、簡單消費，把大廳吧當「驛站」；公司客戶接待訪客、洽談公務，把大廳吧當「會議室」。

那麼，大廳吧經理該服務於誰？仔細分析，辦公室裡的公司客戶才是最有價值的，因為他們的消費場景和消費能力與酒店大廳吧很契合。

**第三步，差異化定位。**

接下來，怎麼把酒店大廳吧和辦公室自有的會議室或者星巴克門市區分開呢？

酒店大廳吧有挑高的空間、豪華的裝修、美妙的音樂和香氛，可以差異化定位為「重要客人約見地點」。然後，推出一款豪華下午茶，讓公司客戶在這裡接待重要客人。

再小的個體也有自己的品牌。以後，辦公室客戶一想到要接待重要客人，就會想起約在這裡。這就是品牌定位。

## 掌握關鍵

### STP理論

STP這三個字母分別是segmentation（細分）、targeting（目標）和positioning（定位）的縮寫；S代表「細分用戶」，T代表「鎖定目標客群」，P代表「差異化定位」。掌握STP三大核心，從而使自己的產品脫穎而出。

## 延伸思考

**職場or生活中，可聯想到的類似例子？**

07

# 品牌故事——用好故事為品牌增值

啟動亮點

**講好一個故事，激發消費者強烈的情感，再把這股情感導向品牌和產品，是企業家的必修課。**

有一家旅行社為了宣傳品牌，不斷強調「我們已經成立二十年了」，以營造信任感。可是，用戶並不關心旅行社成立了多久，信任感也沒有帶來多大的價值。旅行社老闆很苦惱，不知道該怎麼辦。

品牌價值分為兩個部分：信任價值和情感價值。它們都能影響消費者決策，但作用方式完全不同。

舉個例子。某人想買一臺冰箱，但冰箱市場魚龍混雜，他最終選擇了海爾冰箱——雖然比一些雜牌子貴五百元，但肯定不會買錯。這五百元就是品牌溢價，就是用戶因為信任這個品牌，所以願意多付五百元。

然而，如今有了網路，一個不是名牌、品質相當但便宜五百元的冰箱，可以在網上售賣。買過的人覺得不錯就會留下好評，好評會激勵更多購買，更多購買產生更多好評……好和不好的資訊一旦對稱，用戶就可以依據口碑獲得信任，而不再完全依賴於品牌。

因此，「我們已經成立二十年了」這句話試圖建立的、以品牌為容器的信任價值，正在被網路不斷稀釋。

那品牌就沒價值了嗎？當然不是。品牌的信任價值雖然被不斷稀釋，但情感價值將變得日益重要。顧客為什麼買耐吉？因為他喜歡「Just Do It」。顧客為什麼買美特斯邦威*？因為它「不走尋常路」。顧客為什麼買小米？因為它「為發燒而生」。講好一個故事，激發消費者強烈的情感，再把這股情感引向品牌和產品，可能是未來所有企業家的必修課。

具體怎麼做？有三個方法。

**第一個，講歷史故事。**

如果你的品牌有悠久而獨特的歷史，那麼這就是講品牌故事最重要的素材來源。

美國有個叫約翰．彭伯頓（John Pemberton）的藥劑師，他在研製一種治頭疼、頭暈的糖漿時，助手不小心把蘇打水當成了白開水加了進去，沒想到調製出來的味道居然不錯。彭伯頓基於這種「冒泡糖漿」又做了很多試驗，終於配製出一種口感很好的飲料，百年暢銷不衰——這種飲料就是聞名世界的可口可樂。

這就是歷史故事，讓用戶覺得能喝到可口可樂是一件幸運的事。

**第二個，講產品故事。**

如果你的產品確實非常獨特，可以好好講講產品故事。

有一款打火機，曾被魚吞進肚子裡，居然還能用；這款打火機，曾在越南戰場上為一位叫安東尼的戰士擋住子彈，救了他的性命；這款打火機的火焰曾被當作求救信號，幫人荒野求生；這款打火機甚至被用來煮熟了一鍋粥——這款幾乎無所不能的打火機，就是Zippo（美國打火機品牌）。

＊美特斯邦威是休閒服飾品牌。

這就是產品故事。讓用戶聽完之後覺得：不帶一個 Zippo 打火機出門，太不讓人放心了。

**第三個，講情緒故事。**

如果公司沒有悠久的歷史，產品也沒那麼出眾，怎麼辦？可以講個呼應消費者情緒的故事。

很多人剛過四十歲，就開始捧著保溫杯擔心中年危機了。可是昔日「菸王」褚時健，七十一歲鋃鐺入獄，七十五歲出獄從零開始，包下二千四百畝的荒地種褚橙，而這些橙子要六年之後才結果，那年他八十一歲——太勵志了。

這就是情緒故事。讓用戶聽完之後覺得：我吃的不是褚橙，我吃的是「人生總有起落，精神終可傳承」的勵志精神。

回到開篇的問題，旅行社可以講個歷史故事：這二十年，我們幫助多少人實現了「世界這麼大，我想去看看」的夢想。也可以講產品故事：我們的路線如何特別，為什麼別人都是在旅遊，而我們是旅行。還可以講情緒故事：你有沒有受夠了每天朝九晚五，受夠了日復一日沒有變化的生活？你是不是想任性地生活在別人的生活裡，哪怕只有一天？

掌握關鍵

## 品牌故事

品牌價值分為兩個部分：信任價值和情感價值。以品牌為容器的信任價值，正被網路不斷稀釋，而情感價值將變得愈來愈重要。要把品牌故事講好，有三個方法：第一，講歷史故事；第二，講產品故事；第三，講情緒故事。

延伸思考

**職場 or 生活中，可聯想到的類似例子？**

# 第6章

# 公關

01

啟動亮點

**公關產品存在的價值，就是品牌行銷。**

# 公關產品——

## 「秀」出產品，換取公眾好感

公關是一種特殊的行銷手段。什麼叫公關？公司裡的市場部主要負責行銷產品，公關部則主要負責行銷品牌。品牌，就是公關部的產品。

我的朋友是一家襪子企業的創始人，他總覺得自己的品牌不好行銷。襪子是生活耗材，而且穿在鞋裡面別人看不見。如果贊助明星，明星也不能一見粉絲就展示自己代言的襪子。這種情況下，他可以試著做一個「公關產品」，說不定會有奇效。

什麼叫公關產品？

第一次提出這個概念的是華與華戰略行銷公司的創始人——華杉。華杉說，公關產品是一款不以銷量、不以收入，也不以利潤為目標的產品。那公關產品以什麼為目標？以獲得大眾關注，獲得用戶的驚嘆為目標。**公關產品存在的價值，就是品牌行銷**。

舉個例子。二〇一四年愚人節，百度公司發布了一段影片，宣布要做一款智慧產品，叫作「百度筷搜」。這是一雙智慧筷子，可以檢測水的酸鹼度、水果的甜度，甚至可以檢測食品中有沒有地溝油。這段影片刷爆朋友圈，當時很多人覺得，要是真有這種筷子就好了。二〇一四年九月，百度公司 CEO（首席執行長）李彥宏在百度世界大會上宣布：這個認真的玩笑已經從概念變成了產品，而且它還能識別三聚氰胺。

那麼，這雙智慧筷子賣出去多少雙呢？大多數人估計一雙都沒見過。為什麼？因為實在太貴，據說一雙筷子的造價要三千元。於是，很多人評價：這是一款創意上成功、商業上失敗的產品。

真的是這樣嗎？二〇一五年五月，百度筷搜在 One Show 國際創意節上，一舉獲得了三項「金鉛筆獎」和一項「銅鉛筆獎」；同年六月又獲得了坎城國際創意節「技術創新金獎」。這雙很多人都沒見過但真實存在的筷子，讓百度的形象變得十分積極正面。

並非每一款產品生產出來都以最大銷量、最大收入或最大利潤為目的。有些產品僅僅是為了「秀」，秀出企業的科技實力、創意能力、品味水準或工藝水準。這些產品就叫作公關產品。

東京市郊有一家叫「福六十」的麵店，推出了一款「巨無霸壽司」。店家在一斤四兩米飯上放滿了各種海鮮——接受挑戰的顧客如果能吃光，將獲贈八百日元的餐券。

這家麵店真的指望巨無霸壽司帶來銷量、收入和利潤嗎？當然不是。這款巨無霸壽司就是這家麵店的公關產品。

那麼，我的朋友該如何運用公關產品來行銷襪子品牌呢？他要先想清楚自己想「秀」什麼，是科技實力、創意能力、品味水準還是工藝水準？

如果是科技實力，他可以試著做一款「恒溫襪」：用羊毛保溫，金屬絲導熱；充好電的綁腿給襪子邊緣加熱；手機控制溫度，保持溫暖乾燥。他也可以選擇在愚人節當天發布產品宣傳影片。如果用戶不喜歡，就說是開玩笑；如果用戶喜歡，過幾天正式發表產品。通過這款公關產品讓公眾知道，科技正在改變襪業，而這家企業正是領跑者。

掌握關鍵

## 公關產品

公關產品的目標是獲得大眾的關注、獲得用戶的驚嘆，不以銷量、收入或利潤為目標。推行公關產品，首先要想清楚自己想展現的是什麼，是科技實力、創意能力、品味水準還是工藝水準？

延伸思考

**職場or生活中，可聯想到的類似例子？**

02

啟動亮點

**公司本身就是公關產品的企業，就是「網紅企業」。**

# 網紅企業——如何把公司打造成網紅

公關產品令人大開眼界，但如果企業生產的產品並不直接面向消費者怎麼辦？比如水泥、紙漿或福馬林溶液。以這些產品為基礎，很難做出令人驚嘆的公關產品。

其實，公關產品不僅是新研製的高科技產品，公司裡的任何一樣事物，比如管理方式、企業文化，甚至老闆本人都可以是公關產品。**公司自身就是公關產品的企業，就是「網紅企業」。**

我有個朋友宗毅，是芬尼克茲（PHNIX）公司的創始人，他的公司是做熱泵的。熱泵不直接面向消費者，那把什麼做成公關產品，才能增加品牌知名度呢？宗毅選擇把自己做成了公司最大的公關產品。

二〇一四年，身在廣州的宗毅成為特斯拉（Tesla）在中國的第一批車主。當時國內的充電柱非常少，他在北京提完車根本開不出城。於是，宗毅自掏腰包買了二十個充電柱，開著特斯拉一路向南，開到哪裡就把充電柱免費建到哪裡，最終零油耗開回了廣州。這件事獲得了《華爾街日報》、《快公司》、央視國際新聞頻道等媒體的關注，宗毅成了網紅企業家。

那麼，個人知名度和企業品牌有什麼關係？

宗毅不僅是網紅，更是有思想的企業家。後來，他提出了著名的「裂變式創業」的管理實踐論，影響了無數創業者和轉型期的企業家。芬尼克茲作為裂變式創業的標本，也成為無數媒體、論壇、研討會爭相免費宣傳的對象。芬尼克茲成了網紅企業。

成為網紅企業後，芬尼克茲從B2B（business-to-business，從企業到企業）走向B2C（business-to-customer，從企業到消費者），推出「家用中央空調＋水地暖一體機」，把網紅帶來的影響力應用於產品上。

這就是把創始人和管理模式做成了公關產品，把一家公司變成了網紅企業。

什麼是網紅企業？著名投資人徐小平提出過一個觀點：每一個創業者都應該成為網紅。過去是先有產品後有品牌；而現在，企業可以先有品牌、先占領人心、先樹立「魅力人格體」，再提供用戶所需的產品。網紅企業本身作為一個公關產品，可以給企業帶來巨大的知名度和美譽度。

怎樣變成一個網紅企業？有兩種典型的做法。

**第一種，把公司變成網紅。**

公司憑什麼紅？要把與眾不同之處作為亮點。芬尼克茲把「裂變式創業」的管理模式作為亮點，與眾不同，無法複製。與之類似的還有「紅領」的C2M（customer-to-manufacturer，從消費者到製造商）模式、韓都衣舍的「小組制」。

網紅企業的亮點，除了獨到的管理模式，還可以是獨到的價值觀，比如谷歌的「不作惡」口號；或者是獨到的辦公室設計，比如可以與米其林三星餐廳媲美的員工廚房等等。

**第二種，把個人變成網紅。**

有一次我和徐小平老師聊天，他說：「我是我們公司的吉祥物。」徐老師不僅形象親和，他所展現出的激情、睿智和感染力，也讓創業者對真格基金充滿嚮往。

如果老闆不想拋頭露面怎麼辦？可以捧紅員工，比如「明星基金經理」、「月薪五萬元的助理」等。此外，企業還可以做一個真正的吉祥物，比如海爾公司的海爾兄弟。

掌握關鍵

## 網紅企業

網紅企業等同於公關產品，可以為企業帶來高知名度，所以每一個創業者都應該成為網紅。過去，是先有產品，後有品牌；現在，企業可以先有品牌、先打動用戶的心，再提供用戶所需的產品。

延伸思考

**職場 or 生活中，可聯想到的類似例子？**

啟動亮點

網路時代，危機處理的核心是阻斷傳播。而網路時代的傳播，不是來自媒體，而是來自大眾自身。所以，阻斷大眾心中的傳播欲念是根本，而阻斷這個欲念的手段，不是解釋，而是獲得原諒，甚至同情。

03

# 危機公關——
## 這鍋我背，這錯我改，這就去辦

我聽說過一個非常有名的案例。有一天，美國知名披薩公司達美樂（Domino's）的CEO被告知：有兩名北卡羅萊納州的員工故意把髒東西塗在了披薩上，聲稱五分鐘後送給顧客，而且他們把這段影片上傳到網路。可以想像，網民是多麼驚恐和憤怒，達美樂的股價應聲下跌百分之九。這時，怎麼處理才能化解危機？

撒個謊，對大眾說影片是偽造的？還是假裝道個歉，說兩位員工是臨時工，公司有失察之責，自罰三杯？這些做法都是典型的反面教材。

「危機公關」是指企業面臨危機，尤其是聲譽危機時的公關手法。網路時代，大眾情緒如同洪荒之力。而危機公關的本質就是大眾情緒管理，其核心是阻斷大眾心中的傳播欲念。一切心存僥幸、試圖移花接木的做法都是反其道而行，自尋死路。

到底怎樣才是危機公關的正確做法？記住十二字口訣：*這鍋我背，這錯我改，這就去辦*。

**第一點，這鍋我背。**

二〇一七年，海底撈遇到了和達美樂幾乎一模一樣的危機：某家門市的內場助手產生了嚴重的衛生問題。影片傳開後，網民十分憤怒，怎麼辦？

首先，要誠信。

品牌就是一個容器，裡面裝著用戶的「瞭解、信任、偏好」。信任愈多，品牌愈值錢。行銷是往品牌裡存錢，危機則是從品牌裡花錢。

華倫．巴菲特（Warren Buffett）曾說：「樹立品牌需要二十年的時間，而毀掉它，五分鐘就足夠了。」但毀掉品牌的往往不是危機本身，而是不誠信的危機公關，它不但不解決危機，還會瞬間清光用戶的所有信任。

那該怎麼辦？不要繞圈子，直接說：「這鍋我背。」不要否認，不要部分承認，不要轉移責任，不要沉默，更不要說：「僅在」哪裡出現問題，「只」發生了一次。

海底撈是怎麼回應的？四個字：問題屬實。

要知道，這四個字要衝破律師的阻攔，出現在知名企業的聲明裡是非常難的。但公眾第一時間需要的就是一個毫無條件的認錯。果然，「問題屬實」四個字說出來後，公眾情緒立刻反轉。「這鍋我背」的擔當及時止住了品牌信任的大動脈流血。

**第二點，這錯我改。**

危機公關的第二步，是給出誠懇的改正方案，告訴公眾：這錯我改。

海底撈是怎麼回應的？四個字：不廢話，改！

出問題的門市接下來要做什麼，其他門市要做什麼，技術提升誰負責，顧客監督聯繫誰——這些不是「臨時工」的問題，是深層次管理問題，董事會要承擔主要責任。

錯了就改，不廢話，這就是「這錯我改」。

**第三點，這就去辦。**

危機在網路上的蔓延速度已經超過了絕大多數企業處理危機的速度，所以，跑贏時間是危機公關的關鍵。企業的反應要快，要非常快。

海底撈有多快？問題曝光的三小時內，海底撈就做出了反應。三小時內做出「這鍋我背，這錯我改」的反應，非常關鍵。因為在這段時間內，事件逐漸成為熱點，大量自媒體終於等到了借勢行銷的機會，選好角度正在寫文章「開罵」。這時，「這鍋我背，這錯我改」的道歉信出來了，他們可能會立刻覺得「開罵」不再那麼必要，甚至可能會把寫了一半的文章刪掉，從批評改為讚揚。

所以，速度非常關鍵。企業如果等到那些「開罵」的文章發出去再道歉，傷害已經無法挽回。要道歉就立馬去做，不廢話，只有這樣才不會貽誤戰機。

掌握關鍵

## 危機公關

危機處理是指企業面臨危機，尤其是聲譽危機時的公關手法，其本質是大眾情緒管理。行動上網時代，大眾情緒如洪荒之力，只有情緒能夠引導情緒。以央視「三一五」晚會*為例，被晚會點名的企業，其公關團隊首先要認倒霉，那種「某某更差，你怎麼不管」的失衡心態，會扭曲後面的回應；其次，不要玩手段，錯把勉強道歉當成捍衛尊嚴的開場白；再來要往死裡認錯，萬眾矚目之下，小錯也是大錯，道歉到消費者於心不忍為止。一切心存僥倖、試圖移花接木，把不滿情緒引向央視的做法，都是找死。

*三一五晚會：由中國中央電視臺、政府相關部門、中國消費協會共同於每年三月十五號（國際消費權益日）主辦的晚會，活動內容包括揭露商家侵犯消費者權益的事例，藉此提高消費意識。

延伸思考

**職場or生活中，可聯想到的類似例子？**

啟動亮點

**在負面的時候踩一點剎車，在正面的時候踩一點油門，順勢向前。**

## 04

# 沉默的螺旋——

## 讓支持自己的聲音變得響亮

某人投資了一部電影，可電影剛上映，一個毒舌影評人就從頭到尾嘲諷了一番。他的文章很有煽動性，於是不少影評人跟風挑毛病，這部電影在他們筆下儼然成了「年度爛片之王」。這位電影投資人非常惱火，想請朋友寫文章反擊。可是，平常要好的朋友這時卻都不幫忙。很不幸，這位投資人遭遇了「沉默的螺旋」。

沉默的螺旋是大眾傳播學中最重要的概念之一，它最早由德國政治學家伊麗莎白·諾埃爾－諾伊曼（Elisabeth Noelle-Neumann）於一九七四年提出。在公開的輿論環境中，人們如果發現自己的觀點和大部分人一致，就會積極參與討論；但如果發現自己的觀點不被大部分人認同，甚至會被恥笑或攻擊，就會保持沉默。於是，另一方形成「優勢意見」，沉默的一方愈來愈沉默，優勢意見愈來愈響亮。這就是沉默的螺旋。

舉個例子。二〇一六年兒童節那天，一篇題為〈最心酸的兒童節禮物——她偷了個雞腿給生病的女兒〉的文章刷爆朋友圈，感動無數網友。「文章中的媽媽真是個好母親」的聲浪，呈螺旋狀上升；而「偷東西居然有理」的音量則螺旋下降。最後，反面意見逐漸沉默，「母愛如天」成為優勢意見。網友們一邊感動，一邊捐款，兩小時內捐款超過三十萬元。不久，媒體深入調查得知，文章中的母親其實是個慣犯。網友們大吃一驚，紛紛表示：為什麼不早點兒告訴我們她是個慣犯？

那麼，如何避免反對者的觀點掉進沉默的螺旋？可以試試兩個辦法。

**第一個，抓住「黃金二十四小時」：鼓勵支持者大量發聲。**

一個公共事件發生後，最開始二十四小時的意見氛圍幾乎決定了輿論走向，這就是「黃金二十四小時」。這段時間內，如果大多數人都說好，後來的反對者會懷疑自己的立場；反之亦然。

回到開篇的案例，投資人可以在電影上映前，召開媒體、自媒體、意見領袖、網紅的專場看片會。這批人看完後自然有人喜歡，也有人不喜歡。喜歡的大多會褒獎一番，而不喜歡的多半也會礙於情面不至於惡意攻擊。

這一招雖然威力強大，但也要慎用。比如，心術不正者僱人給自己虛假好評，給對手惡意差評。

**第二個，反沉默螺旋：**當負面意見成為主流，可以等它衝頂回跌時，順勢帶起正面節奏。

如果遭遇了惡意差評，就需要把握節奏，運用「反沉默螺旋」進行回擊。

所有能量，盛極必衰；凡是螺旋，都有節奏。批評到一定程度，公眾必然會厭煩，媒體人也會覺得沒有新意。這時，反轉的「節奏」就出現了。

電影投資人可以透漏一些勁爆的獨家消息給沒罵過這部電影的權威媒體人。為了寫出吸睛的文章，他們很可能會選擇在負面意見衰減時，做「孤獨的英雄」，帶起一波正面節奏。

正負交替是自然規律。你需要做的，就是在負面的時候踩一點刹車，在正面的時候踩一點油門，順勢向前。

### 掌握關鍵

## 沉默的螺旋

人在表達想法或觀點的時候，如果發現自己的意見和主流的意見不同，會因為擔心被孤立而選擇保持沉默，導致支持主流意見的聲音愈來愈大，非主流的聲音逐漸消失，這就是「沉默的螺旋」理論。那麼，如何避免非主流的觀點掉入沉默的螺旋？第一，把握黃金時間，鼓勵支持者大量發聲；第二，反沉默螺旋，等待負面意見衝頂回跌。

### 延伸思考

**職場or生活中，可聯想到的類似例子？**

# 2 PART
# 通路

## 第7章

# 流量

啟動亮點

**網路時代，可以通過開設會員店和體驗店，打通線上、線下的全通路零售，重新組合資訊流、金流、物流，盡可能接觸消費者，以獲得更多利潤。**

01

# 全通路行銷——

## 用一切方法接觸消費者

S在線下經營一個母嬰品牌，通過自營和加盟的方式開了幾十家店鋪，生意穩步擴張。但是，隨著網購興起，他的生意受到了挑戰，怎麼辦？抗拒網路嗎？二〇一八年，天貓「雙十一」的銷售額已經達到了二千一百三十五億，電商不可抗拒。我們應該去擁抱一切價值被低估的流量來源，用合適的成本把消費者引入到自己的銷售漏斗中。傳統的線下零售商必須理解一個零售業的大趨勢：全通路行銷。

什麼是全通路行銷？

整個商業活動可以分為創造價值和傳遞價值兩個過程。海爾的主體是創造價值，蘇寧的主體是傳遞價值。傳遞價值時主要傳遞三件事：資訊流、資金流、物流。線下的母嬰店其實是三流合體：消費者到店裡看商品和價格，檢查保固期，和售貨員溝通，這是獲得資訊流；然後通過現金、信用卡或手機支付，啟動資金流；母嬰店把商品運到店面，消費者再把商品拿回家，是兩段物流。

但是，網路把三流重新組合了。

阿里巴巴在二〇一五年推出過一個活動，叫「三八掃碼購」。三月八日那天，任何人在大型超市裡用天貓App掃描商品條碼會發現，很多商品天貓上更便宜，然後天貓會鼓勵用戶在網上下單、快遞送達。以前，資訊流（看商品）、資金流（付款）和物流（自己拎回家）都是在超市裡完成的。但天貓通過掃碼購的方式，讓用戶在超市裡完成了資訊流的獲取，再通過天貓下單截獲了資金流，並用快遞補齊了物流。這樣一來，所有的超市都變成了天貓的線下體驗店。

所以，**全通路行銷就是利用最新的科技、最有效的手段，把資訊流、**

資金流和物流重新高效組合，用一切可能的方法接觸消費者。

回到最初母嬰店的問題上，S應該如何借助全通路行銷，重新組合資訊流、資金流和物流呢？有兩種方法——會員店和體驗店。

第一種，把資訊流、資金流的一部分搬到公共或自有的電商平臺上，用以獲取更多客戶和款項支付；但是物流依然放在線下，請直營店、加盟店提供線下服務，並把合理利潤分配給它們，這種模式就是「會員店」。

過去，線下加盟店很抗拒電商，因為電商搶走了客戶，品牌商和零售商變成了博弈的關係。而設置會員店，品牌商從網上獲得的客戶依舊歸屬於就近門市，線上線下協同，獲得更多的流量，給客戶提供更好的服務，增加利潤。

第二種，資訊流依然放在線下，把資金流和物流搬到電商平臺上，這種模式叫作「體驗店」。由於線下銷售的成本加成幾乎一定比線上高，品牌商可以考慮把所有的加盟店收回，變成合作經營的體驗店，以收集線下流量。體驗店以展示商品的美好體驗為主，而不再以銷售為目的。如果用戶不放心，可以去體驗店試用；如果試用得不錯，可以當場買走；

如果覺得店裡賣得貴——因為有店租、庫存成本，可以網上下單。但是，不管用戶在哪裡下單，買的都是這個品牌商的產品。

掌握關鍵

## 全通路行銷

通過重新組合資訊流、金流、物流的方式，把一切和消費者的觸點發展為通路，有機統一地經營。線上與線下結合的全通路行銷方式有兩種：會員店和體驗店。會員店，是從線上獲得客戶，反哺線下；體驗店，是從線下獲得客戶，反哺線上。

延伸思考

**職場or生活中，可聯想到的類似例子？**

02

啟動亮點

**開店選址該選擇貴而近的地點，還是遠而便宜的地點？**

# 選址邏輯——

## 貴而近還是遠而便宜

我有個朋友想開餐廳，主要給辦公室的白領做午餐。但辦公室附近的租金讓人觸目驚心，而遠一點的店雖然便宜，但白領的用餐時間短，就算飯菜再好吃，願意走這麼遠的畢竟是少數。他拿不定主意應該怎麼選。

其實，我這個朋友選擇困難的本質是：貴而近的地方和遠而便宜的地方，哪個「流量成本」更低？

什麼叫流量成本？流量是進入銷售漏斗的潛在客戶的數量，而流量成本就是獲得一個潛在客戶的平均價格。

店鋪租金的本質是什麼？是線下商鋪的流量成本。把高昂的租金平攤在巨大的人流量上，流量成本其實未必高；遠的地方雖然租金便宜，但來的人也少，流量成本未必就低。

如果我的朋友運氣好，找到一個又旺又便宜的商鋪呢？我會先恭喜他，但房東很快就會覺得自己吃了虧，然後漲租金。

所以，只要給市場足夠長的時間自我調整，店鋪租金平攤到每個人身上的價格大致會趨於一致。雖然有小起伏，但很難有大的差異。也就是說，我的朋友不管選貴而近還是遠而便宜的店，最後可能差別不大。

那他應該怎麼辦？尋找全新的流量成本窪地。大批用戶去哪裡，他就率先去哪裡，比如外賣平臺。在辦公室三公里範圍之內，選一個深巷，開一個幾乎只有廚房的小餐廳，然後和所有外賣平臺合作，放棄路過的人流量。

以前，在辦公室附近開店是為了吸引路過的人流；現在，用戶被分流到了外賣平臺，他們根本不關心餐廳是否離辦公室最近。下單訂餐後，只要外賣能在可接受的時間內送到就好。這樣，朋友的租金會大大降低。

以前，餐廳裡要放很多張桌子，因為路過的人要內用；現在，用外賣平臺送餐就不需要那麼多桌子了。店面大為縮小，租金也大大降低。

然後，省下的租金成本可以用來補貼菜品的價格，用實惠吸引客戶。辦公室白領最大的痛點之一，就是頭疼中午吃什麼，我的朋友還可以用省下來的租金成本和外賣平臺搞活動：下單就送一道驚喜菜品，吸引更多訂單。

這個尋找流量成本窪地的「選址邏輯」，還能解決商業世界中的哪些問題呢？

如果你是賣早餐的，租了個店面但生意一般，怎麼辦？早餐的流量成本窪地在上班路上，不如推著餐車，在人們上班的必經之路上賣早餐。如果你是賣麵包的，麵包店的流量成本窪地在下班路上，那就推著麵包車，在人們下班的必經之路上賣麵包。

如果你是賣高級鮮花的，租了個店面但生意一般，怎麼辦？高級鮮花的流量成本窪地在有停車位的路邊，那就讓鮮花開滿汽車可以路過的街邊吧。如果賣實惠鮮花，它的流量成本窪地在社區門口。另外，別忘了在教師節早上，拿幾束康乃馨站在學校門口。

## 掌握關鍵

# 選址邏輯

開店地點應該選擇貴而近還是遠而便宜的？關鍵在於哪裡的「流量成本」更低。流量，是進入銷售漏斗的潛在客戶的數量；流量成本，是獲得一個潛在客戶的平均價格。離人流量近的地點租金高得嚇人，而遠的地點雖然租金便宜，但來的人少，流量成本未必就低。有什麼具體解決方法？尋找全新的流量成本窪地——大批用戶去哪裡，就率先去哪裡。

## 延伸思考

**職場or生活中，可聯想到的類似例子？**

03

啟動亮點

除了用成本買流量，還可以用利潤換流量。

# 引流品——怎樣用利潤換流量

我有個朋友在農村開超市，去年夏天，同村有人也開了家超市，流量被分流掉了，生意大不如前。他很焦慮，如果定價比另一家超市低，雖能吸引用戶，但就不掙錢了，怎麼辦？

他的問題是，隨著競爭加劇，成本不變但人流量減少，單人流量成本在上升。因此，他必須找到更有效的方法，獲得便宜的流量。怎麼做呢？他可以試試「引流品」。

什麼叫引流品？舉個例子。你收到一張超市的彩色廣告，發現它在搞店慶，一聽可樂才賣一．三元——平時要賣一．六元。於是，你周末去超市買了幾箱可樂，又隨手拿了一桶油、兩升牛奶、三包冷凍水餃和無數零食。那麼，可樂就是這家超市的「引流品」，你隨手買的其他商品就是這家超市的「利潤品」。

獲得流量需要成本，店鋪租金是線下流量的成本，競價排名是線上流量的成本。那除了用成本買流量，還有別的方法嗎？有。可以用利潤換流量。

一聽可樂進價一．三元，售價一．六元。如果超市定價一．三元，就能吸引大量用戶，這放棄掉的〇．三元利潤就是購買流量的成本。這時候，賣可樂的目的不是獲利，而是吸引人流。顧客在超市裡順便買的牛奶、水餃和零食，才是真正帶來利潤的商品，也就是利潤品。

引流品不僅可以是沒有利潤的商品，也可以是用戶希望獲得的「便利」。比如，免費Wi-Fi這個引流品，可以讓用戶到了店門口就想進，進來後就放慢了離開的腳步；ATM（自動提款機）這個引流品，可以讓用戶在最有錢的下一秒就站在店裡；代收快遞這個引流品，讓白領每次網購後都會在下班時來便利商店一趟，順便買個晚餐。

那我的朋友應該怎麼辦？他可以在超市裡放一些引流品，比如免費提供婚宴餐具。

農村大多在家裡辦喜事，但多數人家裡沒有那麼多餐具。直接買，浪費；不買，又沒有可用的。如果他免費提供喜宴的餐具，顧客在取餐具的同時，順便就買了婚宴所需的商品，超市利潤就有了保障。

**引流品，就是用利潤或者便利換流量的商品。它還能解決哪些問題呢？**

如果餐廳想用利潤換流量，可以增加幾個引流菜品。比如，外婆家餐飲連鎖店用獨特的方式批量製作「麻婆豆腐」，成本極低，售價只要三元。三元的麻婆豆腐就是外婆家的引流品。

如果風景區想用利潤換流量，可以讓景點免費。倫敦的大英博物館、杭州的西湖景區都不收門票，但景點吸引大量遊客湧入，城市卻可以通過住宿、餐飲、演出、禮品賺錢。大英博物館和西湖就是城市的引流品。

如果淘寶賣家想用利潤換流量，可以做幾個單品爆款，讓用戶覺得商品太便宜了，使用戶在網店裡不停地淘寶。單品爆款就是網店的引流品。

如果酒吧想用利潤換流量，可以對女生免費，男生收費；花生米免費，啤酒收費。女生和花生米就是酒吧的引流品。

如果購物中心想用利潤換流量，不如引進一個全亞洲最大的滑梯，讓消費者可以免費從六樓花式滑到一樓。這樣一來，很多家長會帶著孩子排隊溜滑梯。亞洲最大的滑梯就是購物中心的引流品。

開電影院，用電影票的利潤換流量，靠爆米花賺錢；開藥局，門口放一個免費使用的體重計，靠賣消脂藥賺錢；開菜市場，提供限量供應的便宜雞蛋，靠賣菜賺錢。這些都是引流品和利潤品的組合邏輯，也是商家設計產品組合的必修課。

掌握關鍵

## 引流品

商場競爭愈來愈劇烈，商家的成本不變，人流量卻減少了，使得單人流量成本逐漸升高。怎麼辦？商家可以推出「引流品」，它的目的不是獲利，而是吸引人流。顧客受到引流品吸引、進入商店，在商店「順便」購買的商品，才會真正帶來利潤，也就是利潤品。引流品和利潤品的組合邏輯，是商家設計產品組合的必修課。

延伸思考

**職場or生活中，可聯想到的類似例子？**

啟動亮點

鼓勵老用戶轉介新用戶加入，為什麼沒有給老用戶推薦激勵時，口碑很好；有了激勵，用戶反而不推薦了？

04

# 獎勵用戶——用戶為何主動分享你的產品

我有個做社交電商的朋友，為了加快用戶增長速度，設計了一個「推薦獎勵」活動——老用戶推薦新用戶加入社群後，新用戶首單金額的百分之十會變成現金獎勵給老用戶。他本以為這項活動會激發爆炸式的「老帶新」，但萬萬沒想到，活動推出後，口碑推薦的數量陡降。他百思不得其解。

為什麼沒有推薦激勵時，口碑很好；有了激勵，用戶反而不推薦了？造成這種問題的本質原因是，他在理解用戶分享的內在動力上出了嚴重的問題。

傳播通路分為付費媒體（報紙、雜誌、電視）、自有媒體（微信公眾號、官方網站、官方微博）和無償媒體（微博、社群、朋友圈）。「老拉新」屬於口碑經濟，就是激發用戶在無償媒體中自發分享產品，商家從而免費贏得新用戶，獲得流量。

那到底什麼樣的內在動力，才能讓用戶拿自己的信用為收費產品背書呢？

**用戶分享的內在動力有兩種：朋友獲益和自己獲益。**朋友獲益，就是這麼好的東西不分享，那真是對不起朋友；自己獲益，是朋友付錢購買，自己能拿到抽成。

哪種才是用戶分享的真正動力？當然是「朋友獲益」。

把朋友支付金額的百分之十作為抽成是一個很尷尬的設計。「我賺了，你抽成」這件事，告訴朋友的話，朋友會覺得：你居然賺我錢！不告訴朋友，他發現後會覺得：你居然賺我錢，還不告訴我！所以，很多用戶寧願不分享，也不願意背上「賺朋友錢」的名聲。

那我的朋友應該怎麼做？依然給出獎勵，但要「強化朋友獲益，隱藏自己獲益」。具體有幾種方法：

**第一種，把抽成變為紅包，並且一人一半。**老用戶的朋友首次下單，系統送出一百元紅包，倆人各得一半。這樣，雙方都會覺得這一百元是意外所得，不是從朋友口袋裡掏出來的。滴滴出行、餓了麼都在用這種方法。

**第二種，把抽成變為積分，用於兌換禮品。**積分和現金其實沒有本質區別，但積分可以讓用戶感覺拿的不是錢，消除自己拉新獲益的愧疚感。比如，在一些會員組織裡，老會員推薦新會員加入可以得到一筆積分，累計獲得六筆積分就能兌換第二年年費。

**第三種，把抽成變為抽獎，可以贏得大禮。**把抽成變為抽獎，也能消除賺朋友錢的愧疚感。萬一真中獎了，用戶會覺得這個獎品是靠運氣賺來的，而不是從朋友口袋裡掏出來的。

口碑經濟能給企業帶來大量的免費流量，但在實戰時一定要記住：強化朋友獲益，隱藏自己獲益。

這個「強化朋友獲益，隱藏自己獲益」的邏輯，還能解決其他問題。

比如，一家培訓機構希望學員們都能將自己的學習感受分享到朋友圈。那就邀請一位美女頒發畢業證書，並請專業攝影師拍照留念，拍完後即刻分享到學員群裡。這時，男同學（甚至女同學）幾乎都會忍不住把照片分享到朋友圈炫耀一下，順便分享自己的學習感受。這就替用戶隱藏了「炫耀」的獲益。

再比如，一個服裝品牌希望顧客能把購買體驗分享到朋友圈，怎麼辦？可以像美國著名鞋履品牌 TOMS 那樣，買一送一，但送的那雙鞋是寄給非洲孩子的。鞋子送出後，商家會給客戶寄封感謝信，很多客戶會忍不住把這封信分享到朋友圈。這就替用戶隱藏了「展現善良」的獲益。

## 掌握關鍵

### 獎勵用戶

既有用戶願意將商品使用心得分享給朋友圈，要有兩種內在動力：一，用戶自己能夠獲益；二，朋友能夠獲益。哪種才是促使用戶分享的真正動力？當然是「朋友獲益」。這種「老拉新」屬於口碑經濟，口碑經濟能給企業帶來大量的免費流量，但在實戰時一定要記住：強化朋友獲益，隱藏自己獲益。

## 延伸思考

**職場or生活中，可聯想到的類似例子？**

05

💡 啟動亮點

網路改變了用戶購物習慣，導致來店客減少，解決這個問題的方法是尋找新流量——異業結盟。

# 異業結盟——線下商業如何突破流量天花板

我有個朋友在社區開服裝店，賣獨立設計的女裝。一開始生意不錯，但隨著電商的崛起，愈來愈難做。她試了很多辦法，打折、送禮、話家常，但效果都不明顯。到店的人還是愈來愈少，怎麼辦？

其實，打折、送禮、話家常只能提高進店客人的成交率，也就是「轉化率」。但她的問題是，網路改變了用戶購物習慣，導致進店客人變少。尋找新流量才是解決這個問題的方法。她可以試試「異業結盟」。

什麼叫異業結盟？舉個例子。

北京有家創業公司做了一個叫「零時尚」的服裝品牌，也在社區裡開了很多家女裝店。雖然發展迅速，但也遇到了流量天花板，需要尋找新流量。

它的目標流量即社區裡的女性消費者，到底分布在哪兒呢？除了服裝店，她們還分布在美髮院、便利商店和美容院。那就和這些「異業」結成聯盟，把它們的流量收集起來。於是，零時尚創造了一種叫作「蝶衣Box」的商業模式，和美容院合作。

由於美容院員工和顧客之間有大量的交流時間，員工向顧客推薦零時尚的App，顧客在上面完成詳細的身體特徵識別，然後可以申請免費試穿一盒專門為她搭配的衣服。

幾天後，顧客再去美容院時，十幾件衣服已經送到。顧客一件件試穿後，忍不住就會買幾件。這個模式，既受到美容院的歡迎，也給零時尚帶來了非常可觀的業績。

**這就是異業結盟，其本質是收集與自己沒有競爭關係的異業夥伴的流量，爲對方的用户創造額外價值，並與之分享收益。**

異業結盟有三種形態：通路異業結盟、行銷異業結盟和產品異業結盟。

蝶衣Box就是通路異業結盟，其主要目的是利用異業夥伴的通路，借來流量，還回收益。

很多電腦品牌廣告的最後會加入英特爾「等燈等燈」的宣傳，這就是行銷異業結盟，通過聯合品牌推廣，相互背書，提升價值。

而英特爾和微軟的「Wintel」聯盟呢？這是產品異業結盟。微軟最新的Windows操作系統會用更強大的軟體功能「吃光」英特爾最新CPU（中央處理器）更強勁的硬體能力，在大幅度提升用戶體驗的同時，交叉刺激用戶不斷升級軟硬體。

那異業結盟在商業世界中還能解決哪些問題呢？

如果航空公司想讓更多人選擇自己的航班，可以和酒店集團結成異業結盟，進行積分互換。酒店的常客可以用積分換機票，航空公司的常客可以用積分換酒店住宿。這是通路異業結盟。

如果是賣生活用品的，比如毛巾、睡衣，用戶不親自體驗很難感受到產品的品質，那就和酒店這個最佳的體驗場合作。網易嚴選就和亞朵酒店合作，在酒店裡配備並銷售網易嚴選的生活用品，客人體驗後覺得喜歡，就能馬上購買。這也是通路異業結盟。

公司急需招人，但候選人太少，怎麼辦？有一家公司和Uber合作，推出「一鍵呼叫面試官」的活動。呼叫成功後，企業高層親自搭乘Uber的面試車來到面試者身邊，並在車上進行面試。這是行銷異業結盟。

如果一個白酒品牌希望得到知識群體的歡迎，怎麼辦？和「得到」App合作。新銳白酒江小白在包裝上印上了《5分鐘商學院》裡的金句：「先去理解別人，再尋求被別人理解。」在吸引知識群體的同時，也宣傳了《5分鐘商學院》。這也是行銷異業結盟。

如果遊戲卡商家想接觸到更多宅男客戶，怎麼辦？和膨化食品合作，把遊戲宣傳印在宅男們愛吃的薯片包裝上，然後在遊戲裡置入這款薯片。這兩個產品的用戶群體高度吻合，就可以從產品設計上互相置入。這是產品異業結盟。

## 掌握關鍵

### 異業結盟

異業結盟的本質是收集和自己沒有競爭關係的異業夥伴的流量，為對方的用戶創造額外價值，並且和異業夥伴分享收益。

異業結盟有三種形態：一、通路異業結盟；二、行銷異業結盟；三、產品異業結盟。

## 延伸思考

**職場or生活中，可聯想到的類似例子？**

啟動亮點

線下商業不會被替代。它用距離的近，有效對抗網路物流的快。從五公里的商圈，到一公里的社區，到一百公尺的小區，到零距離的家庭；離消費者愈近，愈有競爭優勢。

## 06 社區商務——讓產品進入市場的微血管

有效的通路就是用最低的成本消除時空不對稱，讓消費者起念想要購買時，產品能出現在觸手可及的地方，提高商品的可得率。為此，通路需要解決三個效率問題：資訊流、資金流和物流的效率。

通過網路，資訊流和資金流的效率在理論上是可以到達光速的。可是，物流可以嗎？現在當然做不到。

因此，線下商業相對於網路就表現出了一種得天獨厚的優勢——離消費者更近。比如，我看電影會選家附近三公里內的影院，買菜、吃飯一般在一公里內選擇。每個人必然都有自己的生活半徑，可以以家和公司為圓心畫一個距離圈。這個愈近愈好的距離圈，催生了一種特殊的通路策略：社區商務。

什麼叫社區商務？

我把離家五公里的距離圈，叫作商圈。人們之所以去沃爾瑪（Walmart）購物，是因為它的商品極其豐富，並且價格相對便宜。但是，需要開車五公里或者坐班車才能購買。這種通過犧牲距離效率，獲得現場觀察商品機會的商業模式，最先受到網路的衝擊。網上超市品種更全、價格更低，次日送達的物流效率，對大量懶人來說，比離家五公里更便捷。所以，大超市普遍受到衝擊。蘇寧、國美、麥德龍、紅星美凱龍等商圈之王，也在受衝擊的行列之內。

我把離家一公里的距離圈，叫作社區。我吃完晚飯下樓散步，特別想喝一杯優格，這時候我會去1號店*買嗎？當然不會。這時，足夠近就

*網路購物公司，提供零售服務。

發揮優勢了。一公里距離圈能夠有效地狙擊網路的物流系統，體現出生命力。

這就是社區商務，用距離上的「近」來抗衡物流上的「快」，從而形成一道屏障，成為無法被網路取代的商業風景。

很多公司在「社區商務」方面都做了嘗試。

順豐嘿客（網購服務社區店）的目標是在幾年之內建立三萬家社區店，它的商業模式最終是否可行尚屬未知，但從戰略上看，順豐選擇社區是非常正確的。

很多大型超市開始關店，而便利商店依然開得很好。家樂福就正式引進了便利商店品牌「Easy 家樂福」，開始搶占社區市場。

而比一公里更近的距離就是小區*了，小區是一百公尺之內的範圍。

現在有企業免物業費去做小區的物業服務，它賺的是各種服務的錢。比如，業主訂餐可以打電話給物業，物業再找相應的飯店訂餐，賺飯店的錢。這樣還可以掌握小區業主的消費記錄，進而衍生出各種商業模式，如廣告、快遞箱等。以社區商務為主要概念的彩生活服務集團公司在香港上市，以高達六十倍的本益比*發行，成為港股房地產類上市公司中的「黑馬」。

比小區更近的是家庭。家庭，是真正的零距離。小米公司、華為、海爾都在做智慧家居，因為未來離消費者最近的可能就是智慧家居了。比如洗衣機、冰箱能上網之後，都可以成為新的通路，向服裝企業、食品企業下訂單，用戶剛起念就能完成購買。

想像一下，你的冰箱能智慧識別食物，提醒你把快到期的牛奶喝掉；當雞蛋只剩六個的時候，它自動向1號店下單；你在朋友圈說週末想吃酸菜魚，它自動根據食譜買好相關材料，並在週五晚上送到。智慧家居，是零距離的通路。

*小區，指小型的區域住宅單位。

*本益比：又稱市盈率，計算方式為每股市價除以每股盈利，通常作為股票便宜或昂貴的指標。

掌握關鍵

## 社區商務

在行動上網時代，社區商務用距離上的「近」來抗衡物流上的「快」。網路用資訊對稱加高效物流的方式，不斷向零距離進攻。而線下商業用更好的體驗，死守最後一公里，並不斷突圍。真正的零距離，是通路的終極競爭。

延伸思考

**職場 or 生活中，可聯想到的類似例子？**

啟動亮點

**想根治庫存，可以使用反向訂製模式。先模組化分解產品，再通過改造生產線實現技術突破，用工業化的效率完成大規模個性化生產。**

07

# 反向訂製——

## 去掉通路最大的頑疾：庫存

很多朋友喜歡去暢貨中心購物，因為便宜。有時喜歡一件衣服，下次想多買幾件，卻發現沒有賣的了，為什麼？因為暢貨中心採取的是一種以清庫存為主的商業模式。在主流市場上沒賣完的尾貨，才會在暢貨中心降價銷售。賣完了，就沒有了。

庫存是所有先生產再銷售的商業模式共有的問題，而服裝業尤其嚴重。一件襯衫，從三十六號到四十三號，每個尺寸都要生產。有淺紅色條紋，淺綠色、淺藍色、淺灰色條紋也都要生產。每一款襯衫的庫存都是非常可怕的。

既然庫存是所有B2C的通路模式的頑疾，那除了暢貨中心這種補救式的庫存清理方法外，有沒有什麼方式可以根治庫存問題呢？

有一種C2F（customer-to-factory，從消費者到工廠）的通路模式，叫作「反向訂製」，可以解決這個問題。

我非常瘦，所以我的很多衣服，尤其是西裝、襯衫，都是訂製的。訂製的衣服雖然合身，但價格比較貴，我一直沒找到完美的解決方案。後來，我的一個企業家朋友張蘊藍對我說：「潤總，你的西裝就交給我來負責吧！」

她在青島有個服裝公司，服裝的品牌叫「紅領」。我到了公司以後，一個小姑娘給我身上十九個部位測量了二十二個數據。然後，我在電腦前選擇自己對服裝的喜好：領口上斜還是下斜，袖扣是四顆還是五顆，內襯是麻的還是綢的……然後，我的身材數據和喜好數據就通過網路進入了她的西裝工廠。

我見過不少服裝工廠，它們的做法往往是在桌面上疊放厚厚的一摞布，最上面鋪上一張畫好的衣版。然後，一個熟練的工人推著一把垂直的裁刀，一路裁下去。最後，這一摞布都會做成一模一樣的衣服，這就叫：工業化。

而我朋友的公司不是這樣運作的，公司有一臺巨大的機器，只為我裁一張布。裁完後，機器在布片上釘一個**RFID**（radio frequency identification，無線射頻識別）的晶片，然後掛在桿子上走流水線。布料走到一個縫紉女工面前時，女工用晶片「嘀」地碰一下縫紉機上的小電腦，電腦就會顯示：這塊布應該用什麼顏色的線、釘什麼樣的扣子、和哪塊布縫在一起等。女工再根據這些開始換線、縫布，完成整件西裝的生產流程。

我忍不住問我朋友：「這樣不是降低了效率嗎？一個女工一天只做一個動作，效率不是最高的嗎？」

她說：「是的，本來一個女工一天可以做一百件衣服，現在只能做九十件，效率降低了百分之十。但是，我解決了服裝業的頑疾——庫存。客戶下單、付款的時候這件衣服並不存在，我收到訂單才開始反向訂製。由於沒有庫存，一件衣服的綜合成本只有成衣的一半甚至三分之一左右。」

「通過改造生產線，實現彈性的大規模反向訂製，」她接著說，「我們可以做到下單七天後把衣服送到家。你想想，用戶花一半的錢，就可以買到一件和成衣同品質的西裝，還是完全為他訂製的，他為什麼還要買成衣？」

過去，手工製品很貴，甚至只有皇室貴族才能消費。後來，工業化通過流水線生產的方式，極大提高了效率，讓老百姓也能買得起，但代價是犧牲了個性化。T恤衫只有小、中、大、特大幾個型號，消費者只能挑一個相對合身的。萬一商品沒人買，庫存就成為滅頂之災。現在，基於彈性生產的大規模反向訂製徹底重構了通路方向，轉為從用戶到生產，解決了庫存的頑疾。

那麼，我們可以用反向訂製來徹底重構通路模型嗎？當然可以，但是這並不容易，我有幾個建議：

**第一點，反向訂製的前提是模組化。**在3D列印技術出現之前，完全的個性訂製是無法實現工業化的。所以，所謂的訂製主要是基於對產品的模組化分解。

**第二點，反向訂製的技術是彈性化。**所謂彈性化，就是通過改造生產線，能夠實現小批次，最好是單件的生產，還能夠縮短生產週期，比如七天甚至一天。小批次、短週期的彈性化，是反向訂製的技術基礎。

掌握關鍵

## 反向訂製

反向訂製，就是通過彈性生產的技術，實現大規模個性化生產，把工業化的效率和個性化的體驗結合起來，從用戶訂單觸發生產的商業模式。反向訂製的前提，是模組化；反向訂製的技術，是彈性化。

延伸思考

**職場 or 生活中，可聯想到的類似例子？**

**啟動亮點**

**「在人群中多看了你一眼，再也沒能忘掉你容顏」的產品力，就是靜銷力。**

08

# 靜銷力——產品即廣告

N是做零食生意的，因為老家在寧夏，他就給零食品牌起名叫「賀蘭山」，包裝上印著「岳飛駕長車，踏破賀蘭山缺」的畫面。他本以為這種「為國吃零食」的情懷能喚起很多人的購買欲望，但是根本賣不動，怎麼辦？

N的問題是，零食的包裝、名稱、賣點都沒有能吸引消費者的地方。一個好產品應該是靜靜躺在那兒，顧客就忍不住走過去，拿起來，愛不釋手，放入購物車。這種「在人群中多看了你一眼，再也沒能忘掉你容顏」

的產品力，就叫「靜銷力」。

我舉個例子。Laura 在超市裡走過一排排貨架，商品們滿懷期待她能注意到自己，可還沒來得及表現，她的目光就一掃而過，沒給商品半秒機會。當商品們充滿沮喪時，她突然停住拿起一瓶可樂，上面印著她的名字：Laura。

買一瓶印著自己名字的可樂，這多酷啊！這就是可口可樂著名的「Share A Coke」（分享可樂）活動。很快，這個活動被引入中國，進行了本土化，用「宅男、吃貨、純爺們」等暱稱替代了人名，同樣獲得了巨大的「靜銷力」。

**這種不用廣告、促銷和其他推廣，只靠產品本身的名稱、包裝、賣點等產生的銷售力量，就是「靜銷力」。**

很多人非常重視在網路、電視等「外在媒體」上投放廣告，卻忽略了一個極其重要的「內在媒體」——產品本身。**靜銷力的本質，就是把產品本身當作廣告位。**

那怎樣在這個「內在媒體」上投放廣告，才能像可口可樂的「暱稱瓶」一樣，擁有安安靜靜就賣斷貨的靜銷力呢？你可以記住下面四個方法。

**第一個，產品色彩。**

消費者做出購買決策的時間不到二十秒，而前七秒時間裡商品給人最主要的印象是色彩。根據國際流行色協會的調查，僅僅改變顏色，就能給商品帶來百分之十~百分之二十五的附加價值。雀巢甚至做過實驗，把同樣的咖啡放在綠色、白色和紅色杯子裡，消費者覺得紅色杯子裡的咖啡味道最好。

所以，選對顏色至關重要。比如，可口可樂紅代表快樂，百事可樂藍代表酷，蘋果白代表簡約。

**第二個，產品賣點。**

飄柔的賣點是讓頭髮柔順，海飛絲的賣點是去屑，伊卡璐的賣點是純天然，娃哈哈的賣點是「十五種營養，一步到位」，農夫山泉的賣點是「有點兒甜」。

一個產品如果有很多賣點，像功能說明書那樣寫在包裝上，不僅不好實現，賣點們還會相互削弱。一定要突出一個賣點，並且契合消費者最主要的需求，把商品從可買可不買變為必買品。

**第三個，產品名稱。**

因為自己的情懷，將「賀蘭山」作為自己產品的品牌是一個很愚蠢的錯誤。想像一下，當用戶被人問起「吃的是什麼」時，如果他回答「賀蘭山」的話，那會是一幅怎樣的畫面。牛欄山二鍋頭很有名，但如果它不叫牛欄山，也許會更有名。

產品名稱是最重要的廣告位，能在名稱中包含賣點是最好的。

**第四個，產品情感。**

可口可樂的「暱稱瓶」，不管印的是「Laura」還是「純爺們」，都是在包裝上激發了用戶的情感。後來，很多公司學習可口可樂，比如，味全每日C包裝上印的「加班辛苦了，你要喝果汁」、「朝五晚九，你要喝果汁」，士力架（Snickers）包裝印上的「餓暈啦」、「餓跪啦」等等。

所以，「賀蘭山」最好改名叫「吃不胖」，主打健康零食，用「彩虹色」包裝——彩虹色不僅搶眼，還能暗示營養豐富而均衡；並在包裝上印上大大的四個字「好吃不胖」，強調食品經過嚴格脫脂處理，保留了原汁原味，但不會令人發胖；然後印上「自古吃貨最愛國」、「別擔心吃貨，我養你」等文案，用情感打動消費者。

## 掌握關鍵

### 靜銷力

不用廣告、促銷和其他推廣，只靠產品本身的名稱、包裝、賣點等產生的銷售力量，就是「靜銷力」。留意四個關鍵，讓顧客一看到你的產品就忍不住想買：一、產品色彩；二、產品賣點；三、產品名稱；四、產品情感。

## 延伸思考

**職場 or 生活中，可聯想到的類似例子？**

09

啟動亮點

讓用戶因為「逛」而「買」，而不是為了「買」而「逛」。

# 內容電商——

## 讓用戶逛著逛著就買了

我有個藝術家朋友，他把自己手工製作的漂亮杯子放在平臺電商上銷售，沒想到無人問津。有人留言問：別的杯子九元一個還包郵，你為什麼賣一百九十九元一個？還有人推薦他用「秒殺、滿減、買贈、折扣」等方式賣杯子。可他依據杯子的藝術感和品質訂的高價格，怎麼促銷都無法在價格上和九元的杯子競爭，怎麼辦？

其實，任何商品都有適合它的購物環境。如果在秀水街賣愛馬仕，哪個賣家能跟顧客講明白，為什麼四千元的愛馬仕絲巾比四十元的好不止一百倍。所以，我這位藝術家朋友的問題是，他把需要情感驅動的「被動消費」，放在了以價格和參數驅動的「主動消費」環境裡。

什麼叫主動消費？什麼叫被動消費？

我的杯子摔碎了，於是我主動上淘寶搜索「杯子」，然後挑出一款功能、款式、價格最合適的下單，這叫「主動消費」。**主動消費者是有明確購物需求的，找到合算的，買了就走。主動消費者的關鍵詞是「買」，被價格和參數驅動。**

我逛街時路過一家藝術品店，忍不住進去逛了逛。藝術家本人給我介紹每一款杯子的寓意、來歷和特殊的工藝，我就忍不住買了一個，這就是「被動消費」。**被動消費者並沒有明確的消費目標，碰上喜歡的，動心就買。被動消費者的關鍵詞是「逛」，被情感驅動。**

如果消費者花一百九十九元而不是九元買一個杯子，他是被什麼驅動的呢？顯然是情感。而大部分平臺電商，都是價格和參數驅動的「主動消費」環境，參數一分類，價格一排序，消費者就能下單了。

那我的朋友應該怎麼辦？他可以試試「內容電商」。

我是微信公眾號「吳曉波頻道」的忠實讀者。有一次，我在裡面「逛」

到一篇文章，吳曉波說他在自己買的小島上種了四千株楊梅——我饒有興趣地往下看，以為他要講這座小島和宏觀經濟的關係，或者楊梅的商業邏輯。然而，他接著寫的是自己用楊梅釀了些酒，起了個名字叫「吳酒」。再往下看，是一張吳酒的照片。這時吳酒的購買鏈接出現了，並附了一句話：「這是一個小試驗，只做了五千瓶，不知道你會不會喜歡。」結果就是，並不喝酒的我，手一滑就下了單。

有一次見到吳老師，我問他吳酒的銷售情況。他說，那五千瓶吳酒在三十三小時內就賣完了。後來又賣了一批，七十二小時銷了三萬三千瓶。

這就是內容電商，讓用戶因為「逛」而「買」，而不是為了「買」而「逛」。這樣子，他們對價格和參數的敏感度會降低，更容易被情感驅動。內容電商特別適合銷售單價高、非剛性需求、有文化屬性、有情感附加值的產品。

如果你是做高檔空氣清淨機的，想讓用戶關心價值而不僅是價格，怎麼辦？你可以試著生產內容，發在貼吧、微博、公眾號裡，或者投稿給「大V」*，標題可以叫〈擁有近三十臺空氣清淨設備、花費近二十萬的重度愛好者的肺腑之言〉。專業而誠懇的內容，會給你的產品帶來信任感和購買行為。

可是，如果你不會生產內容，怎麼辦？和有內容生產能力的人合作。比如，阿里巴巴有個「阿里V任務」的計畫，就是把有商品的電商和有內容的達人連在一起，讓用戶逛著逛著就下單了。

如果你是做內容的，公眾號文章閱讀量常常達到十萬以上，想做電商，怎麼辦？有三種辦法：一、和電商合作，收廣告費，比如「咪蒙」；二、和電商合作，拿銷售分成，比如「一條」；三、自營電商，賺取差價，比如「年糕媽媽」。

*指網路上的重要人物、粉絲眾多的網路VIP帳號。

掌握關鍵

## 內容電商

任何商品都有適合它的購物環境。大部分的平臺電商屬於「主動消費」環境，受到價格和參數驅動。要降低消費者對價格和參數的敏感度，就要做需要情感來驅動的「被動消費」，也就是內容電商。內容電商特別適合銷售單價高、非剛性需求、有文化屬性、有情感附加值的產品。

延伸思考

**職場 or 生活中，可聯想到的類似例子？**

## 10

啟動亮點

商家在設計團購活動時，如何巧妙地吸引回頭客、過濾團購客，是重要的課題。

# 團購客——怎樣設計團購才賺錢

Y開了一家高檔特色餐廳，為了吸引流量，用餐廳的招牌菜做了一個團購套餐，價格非常划算。他希望通過這個活動，吸引更多的顧客，並轉化為常客。

團購活動推出後，餐廳的生意確實一下子大好；可團購活動一結束，生意立刻回到從前的狀態。怎麼辦？

Y做團購活動的目的，是把特價商品當作「引流品」吸引流量，再通過利潤品賺錢。可是，為什麼流量吸引到了，客單價卻很低，再購率更是沒有起色呢？

造成這個問題的原因，可能是Y的團購活動設計得有問題，只吸引來了專業的「團購客」。

什麼叫團購客？就是只在打折時購買商品，只在店慶、雙十一時消費，只在有團購活動時進店的消費者。他們到店後，除了團購套餐什麼都不點。店家熱情歡迎他們下次再來，但他們下次再也不會來了。

團購客採用的是一種精明的消費策略。但對商家來說，犧牲了引流品的利潤後，團購客完全不消費利潤品，無助於客單價和再購率。所以，商家在設計團購活動時，如何巧妙地吸引到回頭客，過濾掉團購客，是個重要的課題。有幾種方法可以嘗試一下。

**第一種，不要團購完整套餐。**

燒烤店只推出「啤酒＋涼菜」的團購，不要團購燒烤；西餐廳只推出「紅酒＋前菜＋甜點」的團購，不要團購主菜；電影院只推出「電影票＋爆米花」的團購，不要團購飲料。總之，不能提供完整套餐的團購。不完整的套餐，既讓回頭客有更多消費理由，也能濾掉不願多花錢的團購客。

**第二種，不要團購招牌菜。**

不做招牌菜的團購，那做什麼呢？可以做利潤很高的單品的團購，比如鮭魚、魚子醬、紅酒、進口冰淇淋等。這些單品可以吸引消費能力高的客戶，同時把有限的招牌菜留給非團購顧客。如果消費能力高的回頭客喜歡招牌菜，他們會單點，這也能濾掉只想用低價嘗試招牌菜的團購客。

**第三種，開設團購客專賣場。**

需要把團購客完全拒之門外嗎？也未必，可以通過專賣場活動服務團購客。他們雖然無法提供更高客單價和再購率，但是可以提供口碑宣傳。

具體怎麼做？

電影院可以把早上時段的電影票拿來做團購，KTV可以把下午的包廂拿來做團購，酒店可以把週一到週四晚上的房間拿來做團購。但有一個條件：團購客需要發朋友圈並截圖。

大部分人不會在早上看電影，下午唱歌，不會在週一到週四去旅遊住酒店，商家就可以用時間的區隔，把只追求優惠的團購客從希望吸引的回頭客中過濾出來。原本這些資源放置著也是浪費，用來吸引團購客，雖然無法期待他們消費更多，但通過「發朋友圈並截圖」的活動，至少能從他們的口碑宣傳中獲益。

回顧這三個過濾團購客的方法，再看看Y設計的「在正餐時間用招牌菜做套餐」的團購活動，他簡直就是向團購客發送了一封鑲著金邊的邀請函，活動一結束，生意自然冷清了。

他可以換一種做法：九．九元團購兩杯黛安娜王妃收藏過的紅酒，並附送燭光和小提琴曲。這樣吸引來的往往是希望在女朋友面前展示浪漫的男士，他們會一口喝完紅酒，然後把蠟燭揣包裡就走嗎？

掌握關鍵

## 團購客

什麼叫團購客？就是只在打折時購買商品，只在有優惠促銷時消費，只在有團購活動時進店的消費者。對商家來說，團購客完全不消費利潤品，無助於客單價和再購率。商家在設計團購活動時，如何吸引回頭客、過濾掉團購客？一、不要團購完整套餐；二、不要團購招牌菜；三、開設團購客專賣場。

延伸思考

**職場 or 生活中，可聯想到的類似例子？**

啟動亮點

優勢打不過趨勢。追隨用戶、抓住紅利，是高速變化時代的必修課。

11

# 抓住紅利——

## 微博、微信之後，不能再錯過什麼

Z經營一家線下母嬰店。她看到一個微信公眾號通過堅持輸出原創育兒文章，圈了很多「媽媽粉」，帶動了不少產品銷售，於是打算試試內容電商。可是，寫了幾個月的文章，不僅閱讀量很低，點擊率還愈來愈低。怎麼辦？

其實，微信文章的點擊率愈來愈低並不是個別現象。有數據顯示，現在微信文章的平均點擊率大約只有百分之五。就是說，一個有十萬粉絲的公眾號發篇文章，有九萬五千人壓根不看。為什麼？因為一個人關注的公眾號太多了，注意力被稀釋了。微信公眾號的生態，已經從紅利期走過淘汰期，進入成熟期了。因此，Z的問題是，她沒能及時抓住微信紅利。

什麼叫「抓住紅利」？我舉個例子。

某市動物園裡開了幾家冰淇淋店，競爭激烈，但格局穩定。你也在其中開了一家。

有一天，該市新開了一家水上樂園，遊客非常多。於是，你抱著試試看的心態，在水上樂園裡也開了一家冰淇淋店。由於遊客多、競爭少，生意非常好。但是，你在水上樂園開店賺錢的消息，很快就被其他人知道了。冰淇淋店增加得比動物園還多，競爭非常慘烈，實力差的店紛紛被淘汰出局。

經過一段時間拉鋸，淘汰賽終於結束。活到最後的幾家，競爭依然激烈，但格局重歸穩定。而依然觀戰的店，再也沒機會插足水上樂園。正當舊人哀嘆、新人慶祝時，你們突然聽說，附近即將開一座虛擬實境主題公園……

從動物園到水上樂園，再到虛擬實境主題公園，時代在變，用戶的行為也一直在變。新開的主題公園就屬於「紅利期」；店主蜂擁而至，進入「淘汰期」；競爭重歸穩定，這叫「成熟期」。**「抓住紅利」，就是在紅利期最先踏上趨勢，在淘汰期一路狂奔得最遠，在成熟期綜合實力最強。**

所以，Z的問題是：不僅錯過了微信的紅利期，也沒能參加微信的淘汰期，卻想在微信的成熟期殺入戰場，早已沒有入場券。

那應該怎麼辦？立刻尋找下一個「主題公園」。去哪裡找？Z可以去這幾個地方試試。

**第一個，短片。**

推特（Twitter）前大中華區 CEO 陳葵曾說，推特的研究顯示，未來網路上跑的百分之八十的數據都是短片。短片（比如抖音、快手等）正在成為用戶新寵。「papi醬」、「辦公室小野」，以及一大批抖音上的短片博主，正在一路狂奔。因此，Z可以試試用有趣、有料、有溫度的短片，生產內容。

**第二個，直播電商。**

直播電商已經數次證明了它的威力。Angelababy（楊穎）在淘寶直播上代言美寶蓮，兩小時賣了一萬支口紅，銷售額達一百四十二萬元；王祖藍在天貓直播上賣車，當時成交了二千七百一十七輛，價值二億二千八百萬元。因此，Z可以試試用直播的方式，更人格化地圈粉，帶動銷售。

**第三個，網紅經濟。**

某汽車廠商召開新品發表會時，花了一百萬請了一百個網紅做現場直播。以前，開發表會請媒體是為了獲得更廣的觸及率。自帶大量粉絲的網紅，也許可以產生同樣效果。因此，Z的發表會也許可以和網紅們合作。

**第四個，IP合作。**

二〇一六年大火的韓劇《太陽的後裔》就是個大IP（intellectual property，智慧財產權），不但內容好看，廣告也讓人稱奇。同一個場景，在韓國播放的時候桌上什麼都沒有，在中國播放的時候就多了很多飲料——商品和IP的合作，出現了新方式。因此，Z可以尋找最有潛力的IP，比如小說、音樂、電影，彼此嵌入，帶動宣傳。

優勢打不過趨勢。追隨用戶，抓住紅利，是高速變化時代的必修課。

## 掌握關鍵

### 抓住紅利

「紅利期」的競爭少，在這個時期取得先機容易獲得成功。等到競爭對手爭相進入戰場，就邁入了「淘汰期」，這個時期廝殺慘烈，實力差的就會被淘汰。最後存活的幾家，彼此競爭依然激烈，但格局重歸穩定，是謂「成熟期」。錯過了紅利期，也沒能參加淘汰期，卻想在成熟期殺入戰場的企業，早就失去了參賽的入場券，此時只能另闢戰場。

## 延伸思考

**職場or生活中，可聯想到的類似例子？**

第8章

# 銷量

01 **有效流量**－在對的時間、地點遇到對的人

02 **展示設計**－如何避免顧客只逛不買

03 **決策時間**－如何刺激顧客下單欲望

04 **打折促銷**－按下顧客的購買開關

05 **連帶率**－怎麼讓顧客買得更多

06 **行銷一體化**－讓產品自帶行銷勢能

07 **相關性**－為何啤酒和尿布放在一起賣得更多

08 **跨期消費**－讓客戶用明天的錢買你的產品

09 **客戶終生價值**－如何激勵老客戶重複購買

10 **客戶生命週期**－如何黏住一次性客戶

11 **會員制**－商家和顧客的團購契約

12 **社群效應**－增強用戶黏著度的「強力膠」

**啟動亮點**

**花重金買來的流量，有很多是無效的。因為精準客戶少、轉化率低，導致花錢買的並不是「有效流量」。**

## 01

# 有效流量——在對的時間、地點，遇到對的人

我有個朋友，是做戶外運動品牌的。他深知流量的重要性，就在入口網站上投放廣告，在電商平臺上買排名。一開始能吸引到很多流量，但後期轉化率愈來愈低。怎麼辦？

其實，他花重金買的流量有很多是無效的。比如入口網站的廣告，由於網站受眾廣，購買流量價格高，但其中有多少人真的喜歡戶外運動，去爬過至少一座山呢？精準客戶少，轉化率自然低。所以，他的問題在於花錢買的並不是「有效流量」。

## 什麼叫有效流量？

**有效流量，是流量和高轉化率之間的橋梁。**進店的客人是母嬰店的流量，其中的女性是母嬰店的有效流量，而女性中的新手媽媽是更有效的流量。假設一百個進店客人裡有五個新手媽媽，用同樣的宣傳成本影響五個新手媽媽，自然比影響一百個男女老少更有效果。

**精準客戶占所觸及人群的比率愈高，獲得的流量才愈有效。**

我的朋友應該怎麼辦？他可以試著資助一些戶外社群的意見領袖，這些人影響的受眾才是有效流量。

二〇一五年，我去登非洲第一高峰吉力馬札羅山，很多朋友都不相信我能爬上去，因為我在登山方面不是「實力派」。但我是「裝備派」，我買了很多頂級品牌的衝鋒衣、手杖、登山鞋，全副武裝，嚴陣以待。

但是，陪同我們登山的清華登山隊隊長穿的衝鋒衣，是一個我並不熟悉的牌子。我便忍不住問他：「這是什麼牌子？」後來才知道，這個品牌資助了很多戶外教練和登山嚮導。隊員們跟在嚮導背後痛苦地往上爬，一抬頭，那個品牌的英姿就映入眼中——這個投放實在太精準了。

這位登山嚮導帶領的戶外愛好者，就是這個品牌的精準用戶。這個品牌只用一件衣服，就收割了這些有效流量。

有一個公式可以讓我們進一步理解有效流量：

**有效流量＝目標客戶×恰當場景**

目標客戶就是合適的人；恰當場景就是合適的時間和合適的地點；獲得有效流量，就是讓產品在合適的時間、合適的地點，遇到合適的人。

比如，我的書《趨勢紅利》想辦一場新書發表會，但不知道去哪兒找有效流量，怎麼辦？可以和微信讀書會、學習群合作。為了獲得更廣泛、更有效的流量，我選擇在微信上開這場發表會。於是，我和「益策」合作，公開發布消息：劉潤要開新書發表會，用一小時分享他對趨勢的理解和看法，哪些讀書會、學習群願意參加？最後，有五百八十二個群報名。

發表會當天，我通過微信直播，向這五百八十二個群中的二十七萬多用戶分享了我的思考。這些用戶都是求知好學的人，是我的新書最有效的流量。在過去，一場線下發表會最多接觸幾百人；但我那天只用了一小時，就接觸到了二十七萬多的有效流量，極大提升了新書的知名度。

再比如，一家城市周邊的度假酒店想找到有效流量，怎麼辦？選擇在週末出去住一晚的通常是長居城市的小夫妻，想帶著孩子一起遠離城市，親近自然。可是，這群人在哪裡呢？不妨在微信搜索「週末去哪兒」，看看有沒有叫這個名字的微信公眾號。如果有，就去聯繫它們。它們的讀者，就是有效流量。

有流量，說明抓住了用戶的眼睛；有轉化率，才說明抓住了用戶的心。

掌握關鍵

## 有效流量

有效流量，是流量和高轉化率之間的橋梁，其公式如下：

有效流量＝目標客戶×恰當場景

獲得有效流量，就是讓產品在合適的時間、合適的地點（恰當場景），遇到合適的人（目標客戶）。

延伸思考

**職場or生活中，可聯想到的類似例子？**

02

# 展示設計——如何避免顧客只逛不買

啟動亮點

**展示設計的功能是讓商品「恰到好處地進入顧客的視線」；只有商品進入視線，顧客才會進入決策時間。**

我有個朋友開了家小店，賣自己旅行時從世界各地淘回來的小玩意兒，琳瑯滿目，五花八門。可是，不少人進店逛了一圈後就走了，怎麼辦？

朋友覺得自己的東西很好，但顧客卻視若無睹，這個問題的本質，是朋友沒有把好東西放在用戶真正關注的地方。他忽略了「展示設計」這個提升流量轉化率的重要手段。

什麼叫展示設計？

在大多數情況下，顧客購買商品的場景是這樣的：

一、顧客看到招牌，因為感興趣而進店，這叫有效流量；

二、商品恰到好處地進入顧客視線，這叫展示設計；

三、顧客仔細觀看商品，決定是否購買，這叫決策時間；

四、店員發現顧客有點兒猶豫，於是介紹促銷和優惠活動，這叫打折促銷。

有效流量、展示設計、決策時間和打折促銷，每一項對提高流量轉化率都非常重要，它們共同在顧客這場豐富的「買與不買」的內心戲中，一步步助推其做出購買決策。其中，展示設計扮演了讓商品「恰到好處地進入視線」的職能。只有商品進入視線，顧客才會進入決策時間。

怎樣做展示設計才能讓商品恰到好處地進入視線呢？我在此分享三種辦法。

**第一種，動線設計。**顧客進店後走的路線就是所謂的「動線」，動線也是注意力流動的路線。設計動線，並把你最希望用戶購買的商品放在用戶必經的動線上，是展示設計的基本功。

關於動線設計，宜家家居是真正的大師。很多用戶都有「一進宜家深似海，不買東西出不來」的深刻印象。

**第二種，視覺焦點。**在目光所及的範圍內，並不是所有東西都位於視覺焦點。目光所及很寬，但視覺焦點很窄。顧客走過超市貨架，和目光平行的那一層是視覺焦點；應聘者寫的簡歷，從上往下三分之一的位置是HR（人力資源）的視覺焦點；設計師做一個網頁，左上方位置是網友的視覺焦點。

**第三種，從眾效應。**很多人買的東西一定不會差——這就是從眾效應。書店可以放個暢銷書榜單；超市可以放個本月銷售冠軍貨架；酒店可以在門口掛個牌子，說自己是貓途鷹（TripAdvisor）上全球用戶評選的高分酒店。

那我的朋友該怎麼辦？他可以在櫥窗裡放非洲的猛瑪象骨骼，用好奇心把顧客吸引到店內。店內正前方放貝殼做的皇冠，吸引用戶順著貨架間的通道一邊瀏覽，一邊走到盡頭。然後，在盡頭左邊放一把鑲滿寶石的匕首，盡頭右邊放一把奇怪的樂器。

動線設計好之後，他再把最想賣的商品放在動線必經的貨架上與視線平行的那一層。在格外重要的商品旁邊加上紅色標籤，介紹它的傳奇來歷。還可以配一張當地人的照片，因為人臉是自然的視覺焦點。

在動線結束的地方，可以展示「七大洲精選榜」：非洲人最喜歡的匕首，斯里蘭卡人最喜歡的茶，愛斯基摩人手工製作的木雕等等。這樣子，動線就能一直引導客戶瀏覽最多的商品，逗留最長的時間，最後走回店門口的收銀檯。

這就是展示設計，讓商品恰到好處地進入視線。它還能解決哪些問題呢？

如果你是做心智圖的，雖然圖片效果很精美，但發到微博上沒人關注，怎麼辦？微博、微信的主要應用場景是手機，而手機上最自然的動線是從上往下。所以，如果你想增強傳播，就放棄橫圖，嘗試做一張長長的豎圖吧。

如果你是做微信公眾號的，希望更多人閱讀你的文章，怎麼辦？在每篇文章最後加上「閱讀排行榜」，列出你最受歡迎的五篇文章。因為從眾心理，讀者很可能點擊進入你的「跳轉」動線。

## 掌握關鍵

### 展示設計

展示設計怎麼做，才能讓商品恰到好處地進入顧客視線？一、精心規劃動線，把你最希望顧客購買的商品放在他們必經的動線上。二、鎖定視覺焦點，人的目光所及很寬，但是視覺焦點很窄，找出他們視覺焦點對應的位置。三、發揮從眾效應，強調你的商品有多少人購買、累積了多少好評、進了什麼排行榜等，都可以產生「很多人在使用的東西，一定不會差到哪裡去」的影響。

## 延伸思考

**職場or生活中，可聯想到的類似例子？**

## 03

啟動亮點

「買和不買」這個決策對商家的影響重大，但消費者在二十秒之內就決定了。

# 決策時間——

## 如何刺激顧客下單欲望

我有個朋友，做的辣醬特別好吃。他和某超市談好合作，在調味品貨架上放了二十四款不同口味的辣醬，供消費者選擇。他把這二十四款辣醬都放在了超市動線的必經之路上，並與視線平行。然而，用戶停留、關注之後，很少購買。他百思不得其解。

我的朋友存在的問題是，二十四款看似琳瑯滿目的辣醬引發了用戶的「選擇困難症」，延長了「決策時間」。購買衝動一消失，用戶就會拿起再放下，浪費了好不容易獲得的有效流量，損失了轉化率。

什麼是決策時間？用戶做出「買買買」這個決策的時間是很短的。有專家做過研究，消費者在線下購買一個產品，平均決策時間是十三秒。在線上呢？是十九秒。也就是說，「買和不買」這個決策對商家的影響重大，但消費者在二十秒之內就決定了。當用戶決策時間超過一分鐘，轉化率就開始下降；超過兩分鐘，轉化率下降得更為明顯。

為什麼會這樣？因為消費者愈來愈沒耐心了。二〇〇〇年，人類的平均注意力時長是十二秒；二〇一三年，這個數字降到了八秒。

消費者的決策時間那麼短，我的朋友卻拿二十四款辣醬讓他們挑……所以，他應該把二十四款辣醬減到六款。

曾有人針對果醬做過實驗，給顧客提供二十四款果醬試吃，有百分之六十的顧客會駐足品嚐，但只有百分之三的人購買了果醬，總購買率是百分之一．八。然後，實驗人員在另一個展示桌上提供六款果醬，有百分之四十的顧客駐足品嚐，其中百分之三十一的人購買了果醬，總購買率高達百分之十二．四。

挑來挑去，反而不買；減少選擇，買得更多。這就是減少用戶決策時間的威力。那麼，除了降低選擇困難，還有什麼減少決策時間的方法嗎？

**第一種，行動指令。**

用戶把商品頁面從頭看到尾，但就是不點「購物車」圖標，怎麼辦？有人做過研究，在購物車圖標前放一個＋號，下單率會提高百分之十五；如果把圖標換成「加入購物車」五個字，下單率會提高百分之四十九。

這是因為，＋號和「加入購物車」這五個字，是明確的「行動指令」。下發了行動指令，用戶就可以不用思考，直接購買。這就是行動指令的魔性。

**第二種，資訊聚焦。**

某人的產品有十八項與眾不同之處，每一項都極有說服力，但消費者還是不買，怎麼辦？要記住，商家只有二十秒的時間打動消費者，優點再多，二十秒的時間也只夠說明一項。比如，「怕上火，就喝王老吉」，或者「小米6，拍人更美」。

這就是資訊聚焦。你的產品再舉世無雙，也不能因為鋪陳太多資訊，而錯過了用戶稍縱即逝的決策時間。

**第三種，短缺刺激。**

辣醬就剩最後十瓶了，超市想盡快清掉庫存上新貨，怎麼辦？在辣醬的價格標籤上貼上醒目的「特價優惠，最後十瓶」。賣掉一瓶後，在「十」上面貼個「九」，然後再貼「八」……製造短缺氛圍，利用用戶害怕失去優惠的心理，激勵用戶立刻下單，減少決策時間。

同樣利用短缺刺激縮短決策時間的方法還有：最後三天大清倉！全球限量發行！原材料漲價，本批最後幾件！今天二十四點前下單，買一贈一！等等。

掌握關鍵

## 決策時間

消費者愈來愈沒耐心。看似琳瑯滿目的商品，會引發消費者的選擇困難，延長「決策時間」。購買衝動一消失，消費者就會挑來挑去，反而不買；減少商品選項，反而讓他們買得更多。這就是減少消費者決策時間的威力。

延伸思考

**職場 or 生活中，可聯想到的類似例子？**

04

## 打折促銷——按下顧客的購買開關

啟動亮點

打折促銷，能直接有效地降低用戶的決策門檻。

我有個朋友，在拉薩賣紀念品。有一次，一個遊客把玩了好一陣子藏刀，但一直拿不定主意。我的朋友怕猶豫時間過長，遊客的購買衝動下降了，他就一個箭步衝上去，賣力地給遊客推銷這把刀。然後，遊客說了聲謝謝，走了。這是為什麼？

用戶對產品感興趣後，商家所有的行為——給出行動指令、減少資訊干擾、借用短缺刺激等——本質上都只有一個目的：用力按下用戶心中那個購買開關。但是，「一個箭步衝上去」的行為和搶錢無異，用戶當然被嚇跑了。如果用戶真的很接近購買開關了，商家可以試試提高轉化率的最終殺器：打折促銷。

用戶的購買欲望本來是要和一千元價格做殊死搏鬥的，但是一打折，價格對手瞬間身負重傷，變成了八百元，購買開關就被「啪」地按下了。打折促銷，能直接有效地降低用戶的決策門檻。

所以，我的朋友應該淡定地走過去，告訴遊客，店裡有活動，他可以只用小藏刀的錢買到手上的大藏刀，還贈送盒子。這就是一種「隱形打折」，不會因為赤裸裸的便宜，而讓用戶覺得產品廉價。

打折促銷對提高流量轉化率非常有效，但需要注意的是，打折促銷不應該簡單粗暴。「九折要不要？那八折呢？七折？」就是打折的低級形態，會讓用戶懷疑商品的真實價值。

那打折的高級形態是什麼呢？有五種花式打折法。

**第一種，低價高購。**

「您只要花一百四十九元就可以買到我們店裡價值二百元的商品」，或者「您只要花一百九十九元就可以在我們店裡挑選任何一件原價商品」，都是低價高購。花少錢買貴東西，顧客會覺得價值感十足，但不會覺得是打折——雖然這種方法本質上就是打折。

**第二種，充值免單***。

顧客吃完飯結帳，消費了二百元。老闆說：「我們今天有個充值免單活動，您只要充值一千元，這頓飯就可以免單，很划算呢。」顧客想不到它的本質是打折——消費一千元，便宜二百元，打了八折。

**第三種，一元換購。**

網站搞活動，顧客可以用一元買到十元的東西。下單的時候，顧客發現要付十元運費，就會忍不住再買幾件，把運費賺回來。最終，顧客買了一百元的東西，付了十元運費，這個一元換購就相當於打了八～九折。

**第四種，贈而不折。**

顧客討價還價，老闆說：「我再送你點兒新品小樣吧！我再送你一

*免單：不用買單、不必付款，免費的意思。

張現金折扣券吧！我再給你加百分之十的量吧！」這些都是贈而不折。它不會折損產品的價值感，但給了用戶跟打折同等的獲得感。

**第五種，折上再折。**

如果必須用折扣吸引消費者的話，那就打折打到令人震撼。顧客這個月生日，可以打九折；顧客是O型血，可以打九折；顧客願意發條朋友圈，可以打九折。如果有顧客既過生日，還是O型血，又發了朋友圈，那就疊加打折。其實疊加起來只是打了七．二九折，但顧客會感覺很爽；如果一開始就打七．二折，顧客可能沒多大感覺。

掌握關鍵

## 打折促銷

打折促銷對於提高流量轉化率非常有效，但打折的方式不應該簡單粗暴，避免嚇跑用戶。有五種花式打折法可以運用：第一種，低價高購；第二種，充值免單；第三種，一元換購；第四種，贈而不折；第五種，折上再折。

延伸思考

**職場 or 生活中，可聯想到的類似例子？**

05

啟動亮點

要成功提升客單價，你必須懂得「連帶率」。

# 連帶率——怎麼讓顧客買得更多

我有個朋友做進口化妝品生意，她決定用零利潤的爆款眉筆引流。小店果然流量大漲，但是，不少顧客逛了半天卻沒買多少東西，客單價很低，怎麼辦？

她的問題的原因在於：商品之間的銷售「連帶率」不高。

什麼叫連帶率？我舉個例子，是網上流傳的一個傳奇故事。

妻子週末要出差，丈夫去買旅行箱。店員問丈夫：「那您週末幹嘛呢？要不去釣魚吧！」她給顧客推薦了魚鉤和魚線，然後接著問：「您想去哪裡釣魚？海邊是嗎？」她又給顧客推薦了一艘遊艇……

其實，這個傳奇故事只是一個段子，但它講的就是連帶率的重要性。連帶率，就是從用戶的初始需求出發，通過深入挖掘相關需求，連帶銷售的產品的比率。「太太出差，丈夫週末幹嘛」，就是相關需求，銷售人員順藤摸瓜不斷深挖，然後滿足這些新需求，就能提高客單價。

回到我朋友的問題上，她應該怎麼辦？深挖眉筆的相關需求。

買眉筆的女孩子還可能買什麼？眉刀和化妝棉。那買香水的呢？還可能買滾珠式止汗乳和身體乳。那買眼影的呢？可能買眼線和睫毛膏……

因此，她可以用組合包裝、成系列擺放、店員推薦、滿額獲贈等方式，提高連帶率，從而提高客單價。

這種通過提高連帶率從而提高客單價的邏輯，還可以細分出幾種玩法。

**第一種，價格連帶，就是高價帶低價、正價帶特價。**

在速食店點完套餐，店員會問：「您要不要試試最新口味的草莓派？」或「加兩元就能升級可樂和薯條，您要不要試試？」別小看這一句話，就算只有百分之二十的顧客接受，也是可觀的收入。

**第二種，大件帶小件。**

超市收銀檯旁邊通常擺放些一元、兩元、五元的小商品，比如口香糖。顧客結帳時，一看帳單是二百九十八元，可能就會隨手拿個兩元的小東西，湊個整數。

電商平臺可以設計滿一百九十九元含郵，滿二百九十九元送禮，滿三百九十九元自動升級VIP的獎勵。如果用戶購物車裡還差幾塊錢就能湊夠一百九十九元、二百九十九元或三百九十九元，就讓軟體彈出「湊單商品」。

顧客在小賣鋪買了不少零食，一共九十二元，店主隨手抓十元的零食給他，只收他一百元，會讓顧客覺得自己占了便宜。

**第三種，親情連帶。**

服裝店店員可以對顧客說：「你穿這件衣服真漂亮，要不要給男朋友帶一件情侶款？」紀念品商店銷售員可以對顧客說：「這個鸚鵡木雕真氣派，要不要給同事們帶些小紀念品？」食品店老闆可以對顧客說：「這個餅乾真的很好吃，要不要給父母也買一些？我們有無糖的。」

**第四種，搭配連帶。**

賣鞋子的可以順便賣襪子、皮帶甚至袖扣，賣時尚女裝的可以順便賣胸針、項鏈甚至手錶。

「傳奇故事」裡買行李箱推銷魚鉤魚線，買魚鉤魚線推銷遊艇的例子，就是搭配連帶。

使用這四種連帶方法後，顧客的購物車幾乎會被塞滿。如果顧客看到滿滿的購物車萌生了罪惡感呢？記住一個神句：這不是多買，這只是提前買！

**掌握關鍵**

## 連帶率

從用戶的初始需求出發，通過深入挖掘其相關需求，連帶銷售的產品的比率，就是連帶率。想透過拉升連帶率，從而提高客單價，有四種花式玩法：第一種，價格連帶（高價帶低價、正價帶特價）；第二種，大件帶小件；第三種，親情連帶；第四種，搭配連帶。

**延伸思考**

**職場or生活中，可聯想到的類似例子？**

06

# 行銷一體化——讓產品自帶行銷勢能

啟動亮點

行動網路時代，原來分割的產品、行銷和通路不僅要各司其職，更要實現融合。

我有個朋友是開廣告公司的。衡量廣告效果最重要的指標是覆蓋率以及品牌知名度和美譽度的提高。但最近，愈來愈多的客戶對他說：「你直接告訴我，投放廣告能帶來多少銷售量？怎麼衡量？」

我的朋友很痛苦，因為直接獲得可衡量的銷售效益並不是廣告投放的任務。可是，愈來愈多的企業用銷售效益來「綁架」廣告投放，怎麼辦？

客戶會提出這種需求是因為在行動網路時代，原來分割的產品、行銷和通路不僅要各司其職，更要實現融合，可以簡稱為「行銷一體化」。

什麼叫行銷一體化？

根據企業能量模型，我們知道，企業經營是一個能量生產、能量轉化的過程。在這個過程裡，產品要獲得盡可能大的勢能，而行銷和通路可以減小阻力，把勢能轉化為最大的動能，獲得盡可能深遠的用戶覆蓋。

產品、行銷和通路本來是有先後順序的，產品先行，行銷跟上，通路最後。但是，行動網路的發展讓產品和用戶間的距離被大大縮短了。產品、行銷、通路不再是分先後的三件事，它們變成了咖啡、伴侶和糖，融為了一體，這就是行銷一體化。

我舉個例子。有家生產礦泉水的公司推出過一款非常特殊的礦泉水：一個瓶子裡只裝半瓶水。這些「半瓶水」整齊地放在超市貨架上，引起了顧客的好奇。顧客拿起水瓶，看到上面寫著：「另一半水，我們幫你送往嚴重缺水的地區，分給缺水的孩子們。」

一座大型城市每天扔掉的礦泉水，相當於缺水地區八十萬兒童的飲用水。反正一瓶水常常喝不完，又不貴，還能幫到缺水地區的孩子，消費者紛紛購買。這個活動在帶來巨大知名度和美譽度的同時，還為該公司增加了百分之六百五十二的銷量。

這家公司的做法就是把「行銷」直接植入了「產品」的設計環節，最終帶來了「通路」銷售的直接增長。這就是行銷一體化。

我們前面講到，二〇一六年，美寶蓮選擇 Angelababy 作為代言人，並決定召開發表會。但這次發表會的地點沒有選在體育場或劇院，而是在淘寶做直播。發表會上，美寶蓮直接賣起了一款新產品——唇露。由於淘寶的直播和電商系統天然是打通的，用戶在直播窗口就能直接下單，短短兩小時內美寶蓮賣出去一萬支唇露，銷售額達一百四十二萬人民幣。

「直播＋電商」的模式不僅提高了品牌的知名度和美譽度，而且用「行銷」活動直接把「產品」通過電商這個「通路」賣給了消費者。這也是行銷一體化。

那我的朋友應該怎麼辦？他不僅應該把自己定位成「行銷」顧問，還要向上走到「產品」設計環節，向下走到「通路」銷售環節，幫助客戶實現行銷一體化，最終提高業績。

如果你是銷售自行車的，想借助行銷一體化提高銷量，尤其是客單價，怎麼辦？在車燈、車籃、車鎖的位置都貼上QR Code，用戶掃碼就能一鍵下單，補齊配件。這就是產品即通路。

如果你是開日用品連鎖店的，想用自己的通路促進整個品牌的行銷，怎麼辦？顧客買完東西，掃碼關注微信，就免費送購物袋。名創優品就是這麼做的，它的微信公眾號已經有一千八百萬關注者了，為品牌行銷打下了堅實基礎。這就是通路即行銷。

隨著行動網路的發展，把行銷植入產品，把產品作為通路，把通路貼附行銷，是大勢所趨。

掌握關鍵

## 行銷一體化

產品、行銷和通路本來是有先後順序的，但是行動網路的發展，使產品和用戶之間的距離被大大縮短了。產品、行銷、通路不再分先後，它們融為了一體，這就是行銷一體化。

延伸思考

**職場 or 生活中，可聯想到的類似例子？**

啟動亮點

放棄推導因果性，用數據去發現相關性。

# 07

# 相關性——為何啤酒和尿布放在一起賣得更多

我有個朋友在網上賣正版音樂，但客單價低、連帶率不高，他百思不得其解：買A歌曲的人到底會連帶買哪幾首歌呢？因為喜歡A，所以喜歡B，這叫因果性。但是，同時喜歡A和B，就真的一定有因果性嗎？造成我朋友困惑的根本原因是，他忽略了提高連帶率的另一個有效方法——相關性。

什麼叫相關性？相關性是指兩件事同時發生，但未必有因果關係。

有一項研究表明：喝咖啡的人很長壽。這是因果性還是相關性呢？

喝咖啡的人和長壽的人高度重疊，但也許他們長壽的原因是，喜歡喝咖啡的人相對有錢、有時間，也注重健康，堅持運動才是長壽的真正原因。所以，喝咖啡和長壽就是相關性。

那麼，不用因果性，只靠相關性，就能提高連帶率嗎？關於這一點，我們前面講到過，全球最著名的案例可能就是啤酒和尿布的故事了。

傳說沃爾瑪研究數據時，發現啤酒和尿布的銷量高度相關。啤酒賣得好，尿布也賣得好，反之亦然。沃爾瑪發現這個「相關性」後，就把啤酒和尿布放在了一起，果然銷量雙雙增長。

後來，人們試圖證明二者之間有「因果性」。有人說，是因為丈夫在回家的路上買尿布，就順便拿了兩瓶啤酒。但這個因果性真的成立嗎？其實，成不成立都不重要，因為只要有相關性，客單價就已經通過連帶銷售被提升了。

所以，我的朋友應該放棄推導因果性，用數據去發現相關性。

有一家音樂機構通過分析發現：下載周杰倫的歌曲後，不少用戶會接著下載王力宏的歌曲；下載鳳凰傳奇的歌曲後，不少用戶會接著下載寵龍的歌曲；下載《菊花台》之後，不少用戶會接著下載《千里之外》。發現了這個特徵後，音樂平臺應該趕緊寫程式，在周杰倫的《菊花台》後面，推薦王力宏的歌曲和《千里之外》，提高客單價，而不是研究「為什麼」——「為什麼」解決的是因果性。

用相關性提升客單價的邏輯，還有很多應用之處。

如果你在美國開賭場，想提高賭客的客單價，也就是輸掉的錢，怎麼辦？分析數據，找到「輸錢金額」和「離開賭場」之間的相關性。假設輸到九百美元時，最多的人選擇離開賭場，那就在這個時間點請客人吃份牛排，休息一下。吃飽後，他會滿血回到賭桌，提高你的客單價。

如果你在暢貨中心賣衣服，想和其他的店結成異業結盟，提高客單價，怎麼辦？試試和支付寶、微信支付或信用卡合作，通過對支付大數據的分析，看看喜歡買衣服的用戶，通常還喜歡買什麼。然後和這些類型的店合作，互相發優惠券，提升客單價。

如果你做電影投資，想拍一部給九〇後女生看的電影，但不知道怎麼拍才賣座，怎麼辦？試試和搜索引擎合作，通過對搜索關鍵詞的數據分析，找到九〇後女生心中「好電影」的標籤，比如跟導演、演員、題材、風格的相關性。然後找到那些人和合適的劇本，幫你提高電影的客單價。

但是，有些電商平臺把這種手段用到走火入魔。比如，某電商平臺找到了某些「用戶標籤」和「價格承受力」之間的相關性，然後向有這些標籤特徵的用戶收取更高的價格。再比如，某旅行網站找到了「刷票」和「價格承受力」之間的相關性，然後用戶每刷一次票，就顯示更貴的機票。這些行為被發現後，當然遭到巨大抵制，最終停止，但這也說明了相關性對客單價的巨大影響。

掌握關鍵

## 相關性

相關性是指兩件事同時發生，但未必有因果關係。假設一個App發行平臺透過數據發現，大部分的用戶下載了A應用程式，接著又會下載B應用程式，這時候，平臺應該趕緊寫程式，在A應用程式後面，推薦B應用程式，藉此提高客單價，而不是花時間研究「為什麼」；「為什麼」解決的是因果性，但其實因果關係成不成立都不重要，因為只要有相關性，客單價就可以通過連帶銷售被提升。

延伸思考

**職場or生活中，可聯想到的類似例子？**

啟動亮點

把未來的錢拿到現在花，解決現在手頭錢不夠的問題。

08

# 跨期消費——

## 讓客戶用明天的錢買你的產品

我有個朋友是做機器手臂的，他的產品操作精準度達到〇．一公釐，比人更可靠，很多工廠都很感興趣。但一只機器手臂售價十幾萬元，搭建整條生產線估計要花費數百萬元，這對大多數工廠的現金流來說是很大的壓力。很多工廠表示特別想買，但錢不夠，怎麼辦？

如果我的朋友打折，工廠會買嗎？並不會。就算他打到五折，也不能解決工廠現金流緊張的問題。這個問題的本質，是他沒有在賣機器手臂的同時，為客戶提供一個「跨期消費」的金融工具。

什麼叫跨期消費？我舉個例子。買房時，人們可以借助「住房貸款」這個金融工具，用未來幾十年的錢，買一套現在住的房子。住房貸款就是一種跨期消費的金融工具。

但是，跨期消費不只是住房貸款，這樣的金融工具還有不少，可以解決很多商業領域的問題。我先介紹三個工具。

**第一個，融資租賃。**

什麼叫融資租賃？曾有人打過一個絕妙的比方。A想買隻母雞回家，靠養雞賣蛋賺錢，但手頭錢不夠，怎麼辦？B願意借給他，但這隻母雞的所有權暫時歸B，只有使用權歸A。A用賣雞蛋的錢，每月付給B使用母雞的租金，直到全部借款和利息還清，母雞的所有權就歸A了。

這就是融資租賃：借雞生蛋，賣蛋還租，租清得雞。簡單來說，就是幫你「用明天的錢，買今天的東西」。

所以，我的朋友應該和融資租賃公司合作，讓它們出錢買機器手臂，租給工廠；工廠開始生產，並每月向融資租賃公司支付租金；直到本金和利息都還清後，機器手臂的所有權才移交給工廠。這樣，融資租賃公司就賦予了工廠跨期消費的能力，讓它們可以用明天的錢，買今天的東西。

如果你想買一輛車做專車司機，但手頭沒那麼多錢，怎麼辦？專車公司可以讓融資租賃公司把車買下來，租給專車司機。開滿三年，本金利息都付清後，車就歸司機所有了。這會極大降低專車司機的加盟門檻。

**第二種，設備入股。**

什麼叫設備入股？工廠買不起機器手臂，但機器手臂卻是最重要的生產工具，那就成立一家合資公司。我的朋友用機器手臂入股，工廠用團隊和市場入股。談好股份，開工生產。這樣，工廠用最少的現金流撬動了最多的資源，我的朋友也有可能獲得遠大於銷售機器手臂的收益。

如果你有一間鬧區的臨街房，有人想租它來開餐廳，但高昂的租金是不小的壓力，怎麼辦？那就試試設備入股。鬧區的臨街房是開餐廳的「設備」，你把「設備」的使用權換成餐廳的股份。這樣，餐廳節省了現金流，你也有可能獲得遠大於租金的收益。

**第三種，EMC。**

EMC（energy management contracting，契約能源管理）是一種在能源領域中特殊、有趣的跨期消費模式。

很多商場明知道換成節能燈可以省很多電費，但初期投入實在太高，怎麼用EMC實現跨期消費？

節能燈公司免費幫商場換燈。但是，節能公司會先測算換燈前商場每年花多少電費，再測算換燈之後商場每年花多少電費。雙方約定，未來三年，商場把省下的電費預算分給節能燈公司一部分，三年之後燈就送給商場了。

EMC就給了商場一個跨期消費的選項：用明天的結餘，買今天的東西。

## 掌握關鍵

### 跨期消費

跨期消費有三種體現方式：一、融資租賃，簡單來說就是用明天的錢，買今天的東西。二、設備入股，例如一方提供廠房、生產設備，一方提供技術與團隊，合作成立公司，用最少的現金流撬動最多的資源。三、EMC，把使用產品獲得的收益，按照一定的規則回饋給提供方。

## 延伸思考

**職場or生活中，可聯想到的類似例子？**

## 09

啟動亮點

統計顯示，開發一個新客戶的成本，足夠開發三至十個老客戶。

# 客戶終生價值——如何激勵老客戶重複購買

M在社區裡開了一家生鮮超市，可是競爭愈來愈激烈，各家店都在打折促銷。M發現，打折的幾天裡生意確實好了，可平時十分慘淡。顧客都追著促銷折扣跑，怎麼辦？

「追著促銷折扣跑」的往往是只想占便宜的「促銷控」，他們會敏感地隨著價格波動，如潮水而來，又如潮水而去。而M的問題是，他沒有刻意培養客戶的重複購買習慣，獲得他們的「客戶終生價值」。

客戶終生價值，就是一個客戶一輩子一共在你這裡買了多少東西。

有統計顯示，開發一個新客戶的成本足夠開發三～十個老客戶。也就是說，一百萬的銷售額如果全都來自老客戶，比全都來自新客戶的成本要低得多，利潤要高得多，業績也會穩定得多。因此，客戶終生價值愈高愈好。

怎麼提高客戶終生價值呢？要激勵重複購買。

電信業者的優惠活動都設計得極其複雜，這背後其實蘊含著激勵重複購買的商業邏輯。比如，業者常常搞「充二百送二百，分月返還」的活動，就是你充值二百元話費，就送你二百元話費，但贈送的二百元要分十個月返還，每月到帳二十元話費。

這個活動看起來很划算，但「分十個月返還」意味著，至少在未來十個月裡，用戶要重複購買這家業者的服務了。如果用戶逐漸習慣了這家業者的服務，就有可能一輩子都不會換號碼了。

這樣一來，業者就激勵（甚至鎖定）了用戶的重複購買，獲得了客戶終生價值。

那麼，M應該怎麼辦？也設計一個「充二百送二百，分週返還」的活動。鼓勵顧客辦會員卡，充值二百元加送二百元，每週會員卡入帳十元。從此，顧客每週都會想，還有十元沒用呢，不如去看看有什麼可買的。

如果你是賣淘寶女裝的，一邊拚命才能獲得新客戶，一邊流失老客戶，怎麼辦？試試「激勵時間長度」。

老客戶的流失是有規律的。對於化妝品客戶，百分之五十的二次購買發生在七十六天內。女鞋是七十八天，男鞋是一百零八天。女裝呢？四十七天。如果你賣女裝，客戶在四十七天內沒有重複購買，可以給發大額優惠券，用激勵時間長度挽回可能的流失。

如果你是做連鎖超市的，也發了會員卡，但一些客戶有十幾張會員卡，根本沒有忠誠度，怎麼辦？試試「激勵產品濃度」。

舉個例子。經常出差的人幾乎擁有所有航空公司的會員卡，所以會員卡已經無法帶來忠誠度了。針對這個現象，東方航空在二〇一六年推出了一款白金卡：只要有空位，就可以無限次升級到頭等艙。但獲得白金卡的條件是，一年乘坐九十次東方航空的航班。這樣一來，商務人士基本沒機會乘坐其他航空公司的航班。東方航空的白金卡激勵了自己的產品在同類消費中的濃度。

按照這個思路，連鎖超市可以試試修改會員服務：會員每月累計消費二十次，可享受特殊折扣。

如果你是做餐飲外賣的，用戶只關心實惠，不關心餐廳信譽，怎麼辦？試試「激勵感情深度」。

外賣單上有個備註欄，可以用它和用戶建立情感。比如，客戶點了很多川菜，你就送他一罐王老吉，並在備註欄寫上：吃那麼多辣，怕你上火，送你一罐王老吉。看到這樣的備註，顧客再點你家外賣的可能性就大大增加了。

掌握關鍵

## 客戶終生價值

客戶終生價值，就是一個客戶一輩子一共在你這裡買了多少產品。把每個消費者都變成重複購買的客戶，是每一個企業家夢寐以求的目標。關鍵是用激勵手段推動客戶重複購買，提高客戶的終生價值。

延伸思考

職場 or 生活中，可聯想到的類似例子？

啟動亮點

客戶滿意度高，並不能保證帶來重複購買。

10

# 客戶生命週期——

## 如何黏住一次性客戶

H是賣女裝的，她電話回訪一名客戶的購物體驗，客戶表示非常滿意。於是，H就靜靜地等這位顧客「重複購買」，卻沒有等到。這是為什麼？

美國貝思公司的調查顯示，宣稱對產品或服務滿意的顧客，有百分之六十五～百分之八十五的概率會轉向其他公司的產品。這是因為，產品質量差別不大時，客戶滿意度的提高並不導致忠誠度的提高，這就是著名的「客戶滿意度陷阱」。

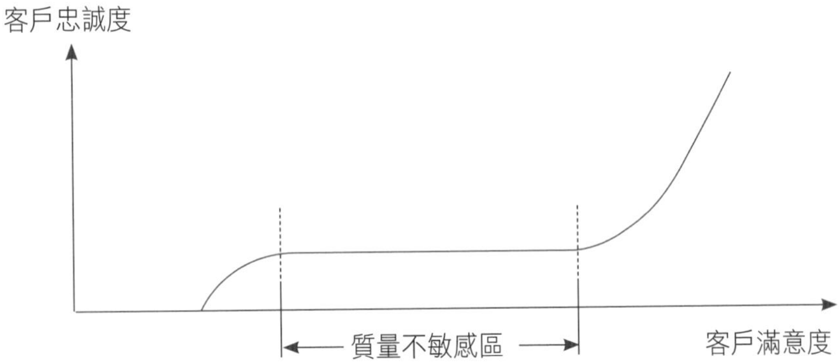


所以，H的問題是，客戶滿意度並不直接帶來重複購買。要想讓客戶重複購買，她需要主動管理「客戶生命週期」，幫客戶養成重複購買的習慣。

具體怎麼做？我舉個例子。

曾經的臺灣首富王永慶，最早靠賣大米為生，但他的賣法與眾不同。每次送米上門時，王永慶都會幫客戶把陳米倒出來，細心擦洗米缸，再把新米放下面，陳米放上面，這讓客戶非常滿意。

不僅如此，他還會在小本子上記下米缸的大小，客戶家裡有幾口人，每天用米量多少，平均多久送一次米，每次需要送多少米。同時，他還會瞭解客戶發工資的日子。

等客戶的米快吃完時，王永慶就主動扛著大米送上門去，然後在顧客發工資後的一兩天去討米錢。基於對客戶購買生命週期的管理，王永慶鎖住了愈來愈多客戶的重複購買，顧客的黏著度愈來愈高。

有研究表明，第五次購買時，顧客黏著度才能養成，而對黏著度影響最大的是前三次購買。所以，一定要讓顧客重複購買三~五次。

那麼，H應該怎麼辦？她可以學習王永慶，主動管理客戶生命週期，在客戶滿意的前提下，努力促成前三~五次購買。

具體怎樣管理客戶生命週期呢？

如果把客戶當作資產，在首次購買後他們會經歷四個階段：活躍期，這個階段，客戶是你的「流動資產」；沉默期，客戶是「非流動資產」；睡眠期，客戶是「呆帳」；流失期，客戶是「壞帳」。每個階段可以使用不同的策略。

**第一階段，活躍期（三十~四十五天）**：這個階段要保證接觸頻率，但不以促銷和折扣為主要吸引力。

商家可以給用戶發新品上架通知，或者關聯產品推薦。還可以進行四十五天回購刺激，在活躍期快要結束、顧客還沒再次購買的時候，發送四十五天內二次購買就送當季新品的消息。

**第二階段，沉默期（四十六～九十天）**：這個階段也要保證接觸頻率，可以進行少量的行銷刺激。

除了繼續發送新品通知和關聯推薦，商家還要定向推薦性價比極高的爆款產品。比如，推薦周冬雨同款帽子；邀請顧客寫下他最喜歡的衣服背後的故事，可以得大獎；節日當天，給顧客發去暖意滿滿的關懷和小額折扣券。在沉默期快結束、顧客還沒再次購買的時候，可以發送九十天內二次購買就送高額當季新品的消息。

**第三階段，睡眠期（九十一～一百八十天）**：這個階段顧客流失的風險就很大了，要控制有限接觸，通過大折扣挽回客戶。

這個階段，新品通知和關聯推薦已經不是主體，要大力推薦誘惑力很強的爆款。此外，可以定向推送清貨促銷，還可以溫柔地提醒用戶：您已經很長時間沒來光顧，會員等級可能會被降級，有些優惠將會錯失。

在睡眠期快要結束、顧客還沒再次購買的時候，商家可以發送一百八十天內二次購買就送特別優惠的消息。

**第四階段，流失期（一百八十天以上）**：這個階段的客戶基本就流失掉了，應該減少接觸，只在大促時備用。

可以把一百八十天內都沒挽回的客戶暫時封存，等待雙十一或年度店慶時，再死馬當作活馬醫，用折扣重錘喚醒。

經過這四個階段，客戶很可能就被「黏住」了。

掌握關鍵

## 客戶生命週期

想讓客戶重複購買，就要主動管理「客戶生命週期」，幫客戶養成重複購買的習慣。客戶在首次購買後會經歷四個階段：一、活躍期，這個階段的客戶是你的「流動資產」。二、沉默期，客戶是「非流動資產」。三、睡眠期，客戶是「呆帳」。四、流失期，客戶是「壞帳」。每個階段可以使用不同的策略因應。

延伸思考

**職場 or 生活中，可聯想到的類似例子？**

啟動亮點

**會員制的本質，類似於團購的契約關係：我（顧客）承諾在你（商家）這裡消費得更多，你也承諾給我更多的利益。**

11

# 會員制——商家和顧客的團購契約

N開了一家米麵糧油店，發現顧客有時來自己的店，有時去對面的店。他問為什麼，顧客說：「路過就進去了唄。老闆，你便宜點兒，我就常來。」N說：「你要真常來，我一定便宜。」商家和顧客都想對方先讓步，怎麼辦？

瞭解了價量之秤這個概念後，我們知道，顧客和商家其實都清楚「量愈大，價愈低；價愈低，量愈大」的邏輯。但顧客會想：你先低價，我就量大。而商家會想：你要量大，我才便宜。

所以，這個問題的本質是一場顧客與商家誰也不肯先承擔風險的博弈。那怎麼辦？N可以試試與顧客建立一種特殊的關係——會員制。

什麼叫會員制？會員制的本質，是一種類似於團購的契約關係：我（顧客）承諾在你（商家）這裡更多地消費，你也承諾給我更多的利益。

美國的連鎖超市好市多，就用「會員制」和顧客建立了這種「類似於團購的契約關係」：顧客承諾去好市多買更多的東西，好市多承諾給會員更便宜的價格。

但如果顧客「違約」，不經常去怎麼辦？好市多會向每位會員預收一百二十美元的會員費。這個會員費的本質就是顧客的履約押金：如果顧客常來，履約押金通過便宜商品的購物差價退還回去；如果顧客違約不常來，押金就沒了。

那麼，如果好市多違約了，東西並不便宜呢？那顧客可以解除和好市多的合作關係，不再支付第二年的履約押金。好市多也會因此遭受巨大的經濟和品牌損失。

到目前為止，好市多和顧客簽署的這個叫作「會員制」的價量之約，執行得非常好。顧客們恪守契約，每年支付一百二十美元的履約押金，且百分之九十左右的會員會續約；好市多也不放過自己，把所有產品的綜合毛利率控制在百分之六左右，並保證任何產品的毛利不會超過百分之十四。

這樣一來，商家獲得了再購率，顧客獲得了優惠價。

那N應該怎麼辦？也和糧油店的顧客簽訂一份價量之約，建立自己的會員制。這個價量之約應該怎麼簽？有兩種簽法：進入門檻契約和逃離成本契約。

**第一種，進入門檻契約。**

好市多的會員制就是典型的進入門檻契約。好市多的砝碼是東西非常便宜，幾千萬的會員已經證明了這件事。所以它用砝碼給會員設定進入門檻——一百二十美元會員費，作為履約押金。

北京普生大藥房學習好市多，也制訂了進入門檻契約。普生大藥房的藥確實便宜，所以有本錢向會員收取高達百元的入會費。自願支付百元成為藥房會員的顧客兌現了承諾，其中有百分之五十的顧客年消費達五千元，百分之四十的顧客年消費達三千元。同時，藥房也恪守承諾，把會員藥品的毛利率控制在百分之十以內，實現雙贏。

**第二種，逃離成本契約。**

如果顧客的選擇權更大呢？那就不用交會員費，消費額可以累計積分，積分可以兌換獎品。隨著消費愈來愈多，大量累積的積分都會變成顧客的逃離成本。

我是喜達屋酒店集團的會員，一年內入住它旗下的酒店二十五次，就能成為白金會員，享受預定任何房間都能升級到套房的福利。這個福利對我很有誘惑力，住多了就想成為白金會員，然後就愈住愈多，我的逃離成本也就愈來愈高。

## 掌握關鍵

### 會員制

透過會員制，商家獲得了再購率，顧客獲得了優惠價。會員制的約定怎麼簽？有兩種簽法：一、進入門檻契約，給會員設定進入門檻，收取會費作為履約押金。二、逃離成本契約，不收取會費，改用累積點數或積分兌換獎品。顧客消費愈多，他的逃離成本也就愈來愈高。

## 延伸思考

**職場 or 生活中，可聯想到的類似例子？**

## 12

啟動亮點

用戶與用戶之間的黏著度，有時候甚至大於用戶對品牌的忠誠度。

# 社群效應——增強用戶黏著度的「強力膠」

再購率來自用戶對品牌的忠誠度和購買習慣，但有沒有一種可能性是，用戶一直處於客戶生命週期的活躍期，一直持續購買產品，但不是因為忠誠於品牌、醉心於產品，而是有其他原因呢？我們先來看下面的案例。

L從事旅遊行業，他主要帶客戶去南極、北極、聖母峰等地，服務的是高階人群。他發現，找到目標人群的成本很高，窮盡花樣讓這群人滿意的成本更高，絞盡腦汁讓這群人不流失的成本是高上加高。怎麼辦？

用戶離不開一個品牌的原因，一定僅僅是因為這個品牌的擁有者或這個社群的意見領袖嗎？不一定。有時候用戶留下來，也可能是因為這個品牌的「追隨者」，或者是這個社群的成員們離不開彼此。

所以，L的問題是忽視了把用戶黏在一起的強力膠——社群效應。

什麼叫社群效應？我舉個例子。

我在中國最大的私人董事會機構領教工坊裡擔任領教。在我的小組裡，不少組員曾經是各大商學院的EMBA（高層管理人員工商管理碩士），有的甚至讀過好幾個商學院，有些人甚至在同一個商學院讀了好幾屆。

是因為這個商學院的課太好了，所以他們讀了好幾屆嗎？當然不是，他們是為了結識學校的同學。商學院裡有很多優秀的同學，多讀幾屆，多認識一些有價值、互相借力的新同學，有助於他們未來的商業成功。

後來，很多商學院注意到這個有趣的「強力膠」現象，甚至開始刻意優化「膠水配方」。比如，班上要有一兩個企業規模做得特別大的學生，像老大哥一樣鎮場；要有投資人、明星、奧運冠軍，作為名片和超級鏈接者；要有女同學，最好是美女，增加團隊凝聚力等等。這些優化了的膠水配方，進一步增加了學員之間的黏著度。

這就是社群效應，讓商學院的學員因為離不開同學而離不開學校。

那L應該怎麼辦？建一個私密的微信社群，把所有高階用戶加進去，經常組織高品質聚會，增進成員之間的黏著度。這樣一來，當他跟用戶推薦「乘私人飛機，七天七大洲跑七個馬拉松」的活動時，那些心癢癢但下不了決心的客戶，聽說某某和某某都報名了，很可能因為彼此之間強大的黏著度，忍不住也報名去了。這就是社群效應，用戶與用戶之間的黏著度，有時候甚至大於用戶對品牌的忠誠。

那社群效應還能解決哪些問題呢？

如果你有一個汽車品牌，想增加用戶的再購率，怎麼辦？建立各地的「車友俱樂部」，發起各類週末遊活動，培養用戶之間的黏著度。隨著車友會成員的黏著度愈來愈強，俱樂部的車友們想換車時，都不好意思換別的品牌了，因為換了品牌，就得和群體告別。

如果你做一款炒股軟體，想增加用戶的交易量，怎麼辦？建立線上的「投資俱樂部」，讓大家在論壇、群組裡熱火朝天地分享、討論各自的投資策略。隨著投資俱樂部的價值和黏著度愈來愈強，用戶想換炒股軟體的話，一定會認真權衡：我真想離開這群資訊靈通、極有眼光的投資者嗎？

掌握關鍵

## 社群效應

再購率通常來自用戶對品牌的忠誠度和購買習慣，但有時候用戶留下來，也可能是因為這個品牌的「追隨者」，或者是這個社群的成員們離不開彼此。這種把用戶黏在一起、增加用戶與用戶間黏著度的強力膠現象，稱為社群效應。

延伸思考

**職場or生活中，可聯想到的類似例子？**

NOTES

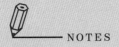

NOTES

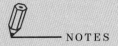

實用知識 67

# 每個人的商學院．商業實戰（上）
## 啟動行銷引擎，激勵流量與銷量

作 者：劉潤
責任編輯：林佳慧
校 對：林佳慧
封面設計：木木 lin
美術設計：廖健豪
寶鼎行銷顧問：劉邦寧

發行人：洪祺祥
副總經理：洪偉傑
副總編輯：林佳慧
法律顧問：建大法律事務所
財務顧問：高威會計師事務所
出 版：日月文化出版股份有限公司
製 作：寶鼎出版
地 址：台北市信義路三段 151 號 8 樓
電 話：（02）2708-5509 傳真：（02）2708-6157
客服信箱：service@heliopolis.com.tw
網 址：www.heliopolis.com.tw
郵撥帳號：19716071 日月文化出版股份有限公司

總經銷：聯合發行股份有限公司
電 話：（02）2917-8022 傳真：（02）2915-7212
印 刷：禾耕彩色印刷事業股份有限公司
初 版：2020 年 5 月
定 價：380 元
ＩＳＢＮ：978-986-248-877-5



國家圖書館出版品預行編目資料

每個人的商學院．商業實戰（上）：啟動行銷引擎，激勵流量與銷量 / 劉潤著 . -- 初版 . -- 臺北市：日月文化, 2020.05
320 面；14.7 × 21 公分 . –（實用知識；67）
ISBN 978-986-248-877-5（平裝）

1. 商業管理

494 109003669

日月文化集團
HELIOPOLIS
CULTURE GROUP
客服專線 02-2708-5509
客服傳真 02-2708-6157
客服信箱 service@heliopolis.com.tw

廣告回函
台灣北區郵政管理局登記證
北台字第 000370 號
免貼郵票

# 日月文化集團 讀者服務部 收

10658 台北市信義路三段151號8樓

對折黏貼後，即可直接郵寄

日月文化網址：**www.heliopolis.com.tw**

最新消息、活動，請參考 FB 粉絲團

大量訂購，另有折扣優惠，請洽客服中心（詳見本頁上方所示連絡方式）。

大好書屋 寶鼎出版 山岳文化

EZ TALK EZ Japan EZ Korea

大好書屋・寶鼎出版・山岳文化・洪圖出版 EZ叢書館 EZKorea EZTALK EZJapan

日月文化集團
HELIOPOLIS
CULTURE GROUP

感謝您購買 每個人的商學院‧商業實戰（上） 啟動行銷引擎，激勵流量與銷量

為提供完整服務與快速資訊，請詳細填寫以下資料，傳真至02-2708-6157或免貼郵票寄回，我們將不定期提供您最新資訊及最新優惠。

1. 姓名：＿＿＿＿＿＿＿＿ 性別：□男 □女
2. 生日：＿＿＿年＿＿＿月＿＿＿日 職業：
3. 電話：（請務必填寫一種聯絡方式）
（日）＿＿＿＿＿＿（夜）＿＿＿＿＿＿（手機）＿＿＿＿＿＿
4. 地址：□□□＿＿＿＿＿＿＿＿＿＿
5. 電子信箱：＿＿＿＿＿＿＿＿＿＿
6. 您從何處購買此書？□＿＿＿＿＿縣/市＿＿＿＿＿書店/量販超商
□＿＿＿＿＿網路書店 □書展 □郵購 □其他
7. 您何時購買此書？ 年 月 日
8. 您購買此書的原因：（可複選）
□對書的主題有興趣 □作者 □出版社 □工作所需 □生活所需
□資訊豐富 □價格合理（若不合理，您覺得合理價格應為＿＿＿＿）
□封面/版面編排 □其他＿＿＿＿＿＿＿＿
9. 您從何處得知這本書的消息： □書店 □網路／電子報 □量販超商 □報紙
□雜誌 □廣播 □電視 □他人推薦 □其他
10. 您對本書的評價：（1.非常滿意 2.滿意 3.普通 4.不滿意 5.非常不滿意）
書名＿＿＿ 內容＿＿＿ 封面設計＿＿＿ 版面編排＿＿＿ 文/譯筆＿＿＿
11. 您通常以何種方式購書？□書店 □網路 □傳真訂購 □郵政劃撥 □其他
12. 您最喜歡在何處買書？
□＿＿＿＿＿縣/市＿＿＿＿＿書店/量販超商 □網路書店
13. 您希望我們未來出版何種主題的書？＿＿＿＿＿＿＿＿
14. 您認為本書還須改進的地方？提供我們的建議？

＿＿＿＿＿＿＿＿＿＿＿＿＿＿＿＿＿＿＿＿

＿＿＿＿＿＿＿＿＿＿＿＿＿＿＿＿＿＿＿＿

＿＿＿＿＿＿＿＿＿＿＿＿＿＿＿＿＿＿＿＿

＿＿＿＿＿＿＿＿＿＿＿＿＿＿＿＿＿＿＿＿

預約實用知識，延伸出版價值

預約實用知識，延伸出版價值